Think Tank
i 智库

i 智库丛书

# 中国专利运营年度报告

## （2017）

诸敏刚　主　编

李　程　副主编

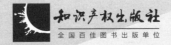

知识产权出版社

全国百佳图书出版单位

图书在版编目(CIP)数据

中国专利运营年度报告. 2017 / 诸敏刚主编. —北京:知识产权出版社,2018.8
(i智库丛书)
ISBN 978 - 7 - 5130 - 5807 - 0

Ⅰ.①中… Ⅱ.①诸… Ⅲ.①专利—运营管理—研究报告—中国—2017 Ⅳ.①G306.3
中国版本图书馆 CIP 数据核字(2018)第 199829 号

责任编辑:汤腊冬  崔开丽          责任校对:王  岩

封面设计:智兴设计室            责任印制:刘译文

中国专利运营年度报告 (2017)

诸敏刚  主编

李  程  副主编

| | | | |
|---|---|---|---|
| 出版发行: | 知识产权出版社有限责任公司 | 网  址: | http://www.ipph.cn |
| 社  址: | 北京市海淀区气象路 50 号院 | 邮  编: | 100081 |
| 责编电话: | 010 - 82000860 转 8377 | 责编邮箱: | cui_kaili@sina.com |
| 发行电话: | 010 - 82000860 转 8101/8102 | 发行传真: | 010 - 82000893/82005070/82000270 |
| 印  刷: | 三河市国英印务有限公司 | 经  销: | 各大网上书店、新华书店及相关专业书店 |
| 开  本: | 720mm×1000mm  1/16 | 印  张: | 15 |
| 版  次: | 2018 年 8 月第 1 版 | 印  次: | 2018 年 8 月第 1 次印刷 |
| 字  数: | 208 千字 | 定  价: | 58.00 元 |

ISBN 978 - 7 - 5130 - 5807 - 0

# 编　委　会

主　　　编：诸敏刚

副　主　编：李　程

编　　　委：（按姓名汉语拼音排序）

安莉莉　曹　军　曹　毅　陈俊强

崔国振　亢娅丽　李长能　李贵卿

李西宁　卢琳兵　吕荣波　马永涛

邵顺昌　施卫兵　孙涛涛　王晓丹

王小绪　谢虹霞　闫冉力　杨　青

张　立　张思齐　张育红　郑　剑

# 前 言

党的十八大以来，以习近平同志为核心的党中央高瞻远瞩、审时度势，对知识产权工作作出了一系列富有远见的战略部署，指引我国知识产权事业发展取得历史性成就。知识产权制度在我国经济、政治、文化、科技等领域展现出前所未有的生命力、创造力、影响力。

自2014年始，国家知识产权局在国家财政部的大力支持下陆续开展了知识产权运营平台建设、机构培育和基金引导，进行了多样化的试点探索，形成了一系列支撑点，并推动构建以国家平台为枢纽，信息流、资金流、业务流互联互通的运营体系，我国知识产权运营服务体系建设正朝纵深推进，知识产权全链条运营和大保护体系融合发展。

为了全面掌握我国专利运营整体工作情况，定期监测全国知识产权运营服务体系建设成效，加速推动知识产权运营，提升全国知识产权运营工作能力，支撑产业创新发展，总结推广有益运营模式和经验，促进知识产权运营平台、机构、资本和产业等要素融合发展，我们组织人员编写了《中国专利运营年度报告（2017）》。

本书分为数据篇、指标篇、城市篇和案例篇。数据篇结合我国专利运营数据，全面系统地勾勒2017年中国专利运营概况，尤其对专利转让、专利实施许可、专利质押等主要运营情况进行分类统计，以期为企业创新、机构运营提供参考。指标篇结合预研数据情况，对指标数据采集途径和处理规则进行探讨，形成专利运营状况评价指标体系评价报告，以期为专利运营相关政策的制定提供参考。城市篇选取了苏州、青岛、成都等八个知识产权运营服务体系建设重点城市，对其2017年的工作情况以及专利运营情况进行详细分析，对我国在区域创新、产业集聚方面的试点情况予以跟踪和研究，以期为区域重点产业的知识产权发展质量和效益明显提升提供参考。案例篇结合优秀企业总体定位和整体布局，遴选了十余家知识产权运营典型单位，范围涉及高校、科研院所、企业、服务机构、基金等，介绍其开展知识产权运营方面的创新模式、亮点案例等值得推广的先进经验，以期为重点产业、企业知识产权运营发展提供参考。

本书在编写的过程中，得到了国家知识产权局专利管理司雷筱云女士、胡军建先生和饶波华先生等各级领导的悉心指导和大力支持，在此一并致以最诚挚的谢意！由于编者水平有限，书中难免有疏漏或错误之处，恳请读者批评指正。

本书编写组

2018 年 7 月 26 日

# 目　录

绪　论 ……………………………………………………………… 001

0.1 研究背景 …………………………………………………… 001

0.2 必要性 ……………………………………………………… 002

0.3 研究目的与意义 …………………………………………… 005

## 数据篇　2017 年中国专利运营状况概览

第 1 章　2017 年中国专利运营整体状况 ……………………… 009

1.1 中国专利运营活跃加速，次数、件数上升幅度均
创历年新高 …………………………………………… 009

1.2 专利转让和质押数量创新高，专利实施许可稳步复苏 ……… 010

1.3 中国本土专利运营活动更加活跃，山东和福建加入
万件阵营 ……………………………………………… 011

1.4 信息通信、医疗和材料等领域专利运营活跃 ……………… 013

第 2 章　2017 年中国专利转让分析 …………………………… 014

2.1 2017 年全年专利转让次数猛增，实用新型和外观占比均
有所上升 ……………………………………………… 014

2.2 中国本土专利转让占比进一步提升，重点国家及经济发达
省份内部转让活动频繁 ……………………………… 018

2.3 中国公司在转让活动中处于领先地位 ……………………… 023

**第 3 章　2017 年中国专利实施许可分析** ················· 028

　　3.1　许可次数较 2016 年略有增长，发明专利实施许可占比进一步
　　　　提升，且平均每件许可次数增多 ················· 028

　　3.2　普通许可占比提升 ················· 031

　　3.3　中国本土专利许可占比较高，浙江省表现突出 ·········· 034

　　3.4　中国本土许可商业化与国外存在差异，西安捷通表现突出 ······ 039

**第 4 章　2017 年中国专利质押分析** ················· 044

　　4.1　专利质押融资达 720 亿元，发明专利活跃程度进一步提升······ 044

　　4.2　政策利好因素显现，运营城市所在地区发力明显 ········· 046

　　4.3　银行与非银行金融机构分庭抗礼，城市及农村商业银行作用
　　　　愈加明显 ················· 048

## 指标篇　中国专利运营评价指标体系

**第 5 章　专利运营评价指标体系构建基础** ·············· 055

　　5.1　专利运营评价指标研究现状 ················· 055

　　5.2　专利运营的影响因素分析 ················· 057

**第 6 章　专利运营评价指标体系设计** ················ 062

　　6.1　专利运营评价指标体系构建原则 ··············· 062

　　6.2　专利运营评价指标体系构造 ················· 063

**第 7 章　专利运营指标信息搜集机制** ················ 073

　　7.1　信息搜集渠道 ················· 073

　　7.2　数据加工规则 ················· 077

　　7.3　信息搜集工作流程 ················· 079

**第 8 章　专利运营绩效评价模型** ················· 084

　　8.1　评价模型 1：用以评价全国专利运营总体状况，不进行
　　　　各省市对比 ················· 084

8.2 评价模型 2：用以评价各省市专利运营状况，

体现横向对比 ·············································· 086

## 城市篇 知识产权运营服务体系建设重点城市经验

**第 9 章 青岛市知识产权运营服务体系建设** ················ 091

9.1 青岛市知识产权工作基本情况 ···················· 091

9.2 青岛市知识产权运营情况 ························· 093

9.3 青岛市主要经验 ·································· 093

9.4 青岛市典型案例 ·································· 097

**第 10 章 苏州市知识产权运营服务体系建设** ·············· 100

10.1 苏州市知识产权工作基本情况 ···················· 100

10.2 苏州市知识产权运营情况 ························ 104

10.3 苏州市主要经验 ································· 110

10.4 苏州市典型案例 ································· 113

**第 11 章 成都市知识产权运营服务体系建设** ·············· 125

11.1 成都市知识产权工作基本情况 ···················· 125

11.2 成都市知识产权运营情况 ························ 126

11.3 成都市主要经验 ································· 127

11.4 成都市典型案例 ································· 129

**第 12 章 长沙市知识产权运营服务体系建设** ·············· 130

12.1 长沙市知识产权工作基本情况 ···················· 130

12.2 长沙市知识产权运营情况 ························ 132

12.3 长沙市主要经验 ································· 133

**第 13 章 西安市知识产权运营服务体系建设** ·············· 135

13.1 西安市知识产权工作基本情况 ···················· 135

13.2 西安市知识产权运营情况 ························ 135

13.3 西安市主要经验 ································· 136

第 14 章　郑州市知识产权运营服务体系建设 ················ 140

14.1 郑州市知识产权工作基本情况 ················ 140

14.2 郑州市知识产权运营情况 ················ 142

14.3 郑州市主要经验 ················ 145

14.4 郑州市典型案例 ················ 146

第 15 章　厦门市知识产权运营服务体系建设 ················ 149

15.1 厦门市知识产权工作基本情况 ················ 149

15.2 厦门市知识产权运营情况 ················ 150

15.3 厦门市主要经验 ················ 151

15.4 厦门市典型案例 ················ 154

第 16 章　宁波市知识产权运营服务体系建设 ················ 158

16.1 宁波市知识产权工作基本情况 ················ 158

16.2 宁波市知识产权运营情况 ················ 160

## 案例篇　知识产权运营典型案例

第 17 章　中国科学院知识产权运营管理中心 ················ 165

17.1 单位基本情况 ················ 165

17.2 知识产权运营情况 ················ 166

17.3 主要经验或典型案例 ················ 166

第 18 章　南京理工大学技术转移中心 ················ 170

18.1 单位基本情况 ················ 170

18.2 知识产权运营情况 ················ 171

18.3 主要经验或典型案例 ················ 172

18.4 基于互联网＋高校知识产权运营平台的实践探索 ················ 174

第 19 章　西电捷通公司 ················ 177

19.1 单位基本情况 ················ 177

19.2　知识产权运营情况 ·················································· 179

19.3　主要经验或典型案例 ·············································· 181

**第20章　深圳市大疆创新科技有限公司** ························· 185

20.1　单位基本情况 ························································ 185

20.2　知识产权运营情况 ·················································· 186

20.3　主要经验或典型案例 ·············································· 187

**第21章　中铁第四勘察设计院集团有限公司** ················· 192

21.1　单位基本情况 ························································ 192

21.2　知识产权运营情况 ·················································· 193

21.3　主要经验或典型案例 ·············································· 195

**第22章　北京知识产权运营管理有限公司** ····················· 198

22.1　单位基本情况 ························································ 198

22.2　知识产权运营情况 ·················································· 199

22.3　主要经验或典型案例 ·············································· 201

**第23章　北京中关村中技知识产权服务集团有限公司** ····· 205

23.1　单位基本情况 ························································ 205

23.2　知识产权运营情况 ·················································· 206

23.3　主要经验或典型案例 ·············································· 208

**第24章　中知厚德知识产权投资管理（天津）有限公司** ··· 211

24.1　单位基本情况 ························································ 211

24.2　知识产权运营情况 ·················································· 212

24.3　主要经验或典型案例 ·············································· 214

**第25章　四川省知识产权运营股权投资基金合伙企业** ····· 218

25.1　单位基本情况 ························································ 218

25.2　典型案例 ······························································· 219

**参考文献** ··········································································· 223

# 绪　　论

## 0.1 研究背景

随着知识经济的发展，知识产权在企业发展中的重要性日益凸显，创造、利用和保护自己的知识产权，尊重他人知识产权已成为企业融入经济全球化并从中获益的重要条件。党的十八大以来，以习近平同志为核心的党中央高瞻远瞩、审时度势，对知识产权工作作出了一系列富有远见的战略部署，指引我国知识产权事业发展取得历史性成就。无数发明人、创新型企业，利用知识产权圆了致富梦、创业梦，"中国智造"快步走向世界，全社会创新创造活力竞相迸发。知识产权制度在我国经济、政治、文化、科技等领域展现出前所未有的生命力、创造力、影响力。党的十九大报告提出，"倡导创新文化，强化知识产权创造、保护、运用"。2018 年 4 月 10 日，习近平总书记在博鳌亚洲论坛 2018 年年会开幕式上发表主旨演讲，将加强知识产权保护作为我国扩大开放的四项重大举措之一，明确指出"（加强知识产权保护）这是完善产权保护制度最重要的内容，也是提高中国经济竞争力最大的激励"[①]。

加强专利运用、实现专利价值，是我国实施创新驱动发展战略的"刚需"。据全国技术市场统计，截至 2017 年底，我国共签订涉及各类知识产权的技术合同 153040 项，成交额为 5550.67 亿元，同比增长 9.78%，占全国技术合同成交总额的 41.35%。专利合同 15229 项，成交额为 1420.47 亿

---

①　习近平在博鳌亚洲论坛 2018 年年会开幕式上的主旨演讲（全文）［EB/OL］. （2018 - 04 - 10）［2018 - 07 - 09］. http：//www. gov. cn/xinwen/2018 - 04/10/content_ 5281303. htm.

元，同比增长 9.49%。其中，发明专利成交额为 870.69 亿元，较上年增长 19.15%①。但是，我国还存在着高价值专利数量不足、专利运用不够等问题，制约着专利作用的发挥，对创业创新的支撑作用不足。据国家知识产权局发布的《2016 年中国专利调查数据报告》显示：从 2006 年至 2016 年，我国专利实施率集中在 57% 至 75% 的区间范围。其中，2015 年时下降为 57.9%，达历史最低。2016 年我国专利实施率有所回升，达到了 61.8%。从专利权人类型来看，企业的专利实施率最高，为 67.8%。②

知识产权运营因能将知识产权效益化，得到了政府、企业、高校、科研院所、知识产权服务机构前所未有的关注，知识产权运营已经成为活跃知识产权要素的重大课题。2014 年以来，国家知识产权局在国家财政部的大力支持下，先后实施了知识产权运营公共服务平台建设、运营机构培育、重点产业知识产权运营基金和质押融资风险补偿基金等项目，支持重点城市建设知识产权运营服务体系，取得了一定成效，初步搭建起"平台 + 机构 + 资本 + 产业"的全国知识产权运营服务体系。2017 年，中央财政服务业发展专项资金安排 12 亿元，支持成都等八个重点城市开展知识产权运营服务体系建设，推动完善知识产权创造、保护、运用体系，各项工作稳步开局、扎实推进，取得了积极成效。

按照党的十九大精神和党中央、国务院领导同志一系列重要指示精神，结合国际经济竞争合作的新形势与我国经济高质量发展的新要求，我国知识产权运营服务体系建设正朝纵深推进，知识产权全链条运营和大保护体系融合发展，知识产权市场保护环境进一步优化。

## 0.2 必要性

在世界经济增长主要依赖于知识的生产、扩散和应用的背景下，激活

---

① 2017 年全国技术市场交易简报 [EB/OL]. (2018 - 02 - 11) [2018 - 07 - 09]. http://www.most.gov.cn/kjbgz/201802/t20180211_138089.htm.

② 国家知识产权局发布《2016 年中国专利调查数据报告》[EB/OL]. (2017 - 06 - 30) [2018 - 07 - 09]. http://www.sipo.gov.cn/zscqgz/1101189.htm.

知识产权市场，实现知识产权的商业价值，对我国实现增长方式转变和创新驱动具有重大现实意义。知识产权运营是指以实现知识产权经济价值为直接目的、促进知识产权流通和利用的商业活动行为。在我国，知识产权运营的具体模式包括：知识产权的许可、转让、融资、产业化、作价入股、专利池集成运作、专利标准化等，涵盖知识产权价值评估、交易经济以及基于特定专利运用目标的专利分析服务。我们要以习近平新时代中国特色社会主义思想和党的十九大精神为指导，牢固树立和贯彻创新、协调、绿色、开放、共享的发展理念，深入推进供给侧结构性改革，更好发挥知识产权的市场激励机制和产权安排机制作用，强化创新驱动，助推产业高质量发展，不断增强我国经济创新力和竞争力。

首先，建设现代化经济体系实现高质量发展需要深入推进知识产权运营服务工作。党的十九大报告强调"创新是引领发展的第一动力，是建设现代化经济体系的战略支撑"，并对深化供给侧结构性改革，促进我国产业迈向全球价值链中高端，加快建设创新型国家等作出一系列战略部署。知识产权运营服务是充分运用知识产权制度和规则，提高知识产权布局与保护水平，提升创新产出质量和效益，实现知识产权市场价值的关键环节，贯穿于知识产权创造、保护、运用全过程。构建完善知识产权运营服务体系，打通知识产权创造、运用、保护、管理、服务全链条，充分发挥知识产权的市场激励机制和产权安排机制双重作用，对于强化创新驱动，助推产业高质量发展，不断增强我国经济创新力和竞争力具有重要意义。

其次，塑造良好营商环境，构建开放型经济新体制更加需要加强知识产权保护。近年来，世界知识产权贸易所占比重逐年攀升，知识产权保护已经成为贸易投资环境和良好营商环境的重要方面，直接决定创新产品和服务相关利益在全球的分配。特别是美国特朗普政府上台后，积极奉行"美国优先"政策，借知识产权问题在企业投资、技术转移和产品贸易问题上频频发难，向我国发起"301调查"，并依据调查结果悍然发动贸易战。与此同时，全球创新创业进入高度密集活跃期，创新资源全球流动的速度、范围和规模达到空前水平。全球创新版图正在加速重构，各国对创新制高点的争夺日趋激烈，高质量核心知识产权越来越成为各国竞争的焦点。总书记提出希望外国政府加强对中国知识产权的保护，也需要我国企业"走出去"参与"一带一路"建设的过程中，主动强化知识产权海外布局，提高在目标市场国知识产权保护水平。推动建设知识产权运营服务平台，大力培育国际化专业化知识产权运营机构，有利于促进我国产业和企业整合利用全球创新资源，有效防控和应对国际知识产权风险，加快培育国际经济合作和竞争新优势。

第三，我国知识产权运营服务建设体系的面上支撑不断深入。2014—2016 年，国家知识产权局在国家财政部的大力支持下陆续开展了知识产权运营平台建设、机构培育和基金引导，进行了多样化的试点探索，形成了一系列支撑点，并推动构建以国家平台为枢纽，信息流、资金流、业务流互联互通的运营体系。2014 年底，国家财政部安排 2 亿元中央财政资金，分别支持在北京、西安、珠海建设国家知识产权运营公共服务平台和特色试点平台。2017 年，国家知识产权运营公共服务平台和西安军民融合、珠海金融创新特色试点平台均已建成上线运行。截至 2017 年底，3 个平台共有 371 家知识产权服务机构、投融资机构入驻，个人和单位会员合计已超过 10 万人，线上独立访问者达 19.7 万人，累计挂牌专利 2.6 万件。2015—2016 年，中央财政安排 8 亿元，分两批引导支持 20 个省市设立重点产业知识产权运营基金。目前，已有 14 个省市完成了基金设立组建工作，其余 6 个省市正在积极推进。各基金计划募集资金的总规模超过 81 亿元，实际募资超过 42 亿元，财政资金合计 12.25 亿元，带动社会资本效果良好。按照 2016 年 12 月习近平总书记在中央深改领导小组第 30 次会议上关于"打通知识产权创造、运用、保护、管理、服务全链条"的重要指示，2017 年，国家知识产权局、国家财政部安排 12 亿元支持苏州、青岛、成都、厦门、西安、郑州、宁波、长沙八个城市系统推进知识产权运营服务体系建设，以知识产权全链条运营为牵引，夯实知识产权创造保护基础，完善知识产权创造、保护和运用体系，提升企业知识产权管理运营能力，进一步带动全国知识产权运营业态发展。

第四，建设具有全球影响力的科技创新中心城市需要知识产权运营的有力支撑。2004 年以来，国家知识产权局先期开展了城市知识产权试点示范工作，推动城市健全知识产权管理体制机制，目前已有国家知识产权示范城市 64 个。据统计，2017 年，64 个示范城市中，副省级城市和地级市的每万人口发明专利拥有量分别达到 31.2 件和 24.7 件；64 个示范城市完成专利权质押项目 2633 项，占全国的 63%，新增专利权质押融资 473 亿元，占全国的 66%；64 个示范城市的专利行政执法办案总量超过 2.98 万件，占全国的 45%，其中专利纠纷办案量 14118 件，占全国的 50%。2017 年 6 月，按照国务院关于加快知识产权强国建设的部署，国家知识产权局正式批复广州、武汉、青岛、成都、厦门、南京、长沙、苏州、烟台、郑州十个城市为首批知识产权强市创建市，推动建设创新活力足、质量效益好、可持续发展能力强的知识产权强市。面向创新资源集聚度高、辐射带动作用强、知识产权支撑创新驱动发展需求迫切的重点城市开展综合示范，加强政策集成和改革创新，强化资源集聚和开放共享，支持重点城市构建要素完备、运行顺畅的知识产权运营服务体系，形成具有较强区域辐射力的创新发展增长极，带动重点产业的知识产权发展质量和效益明显提升。

## 0.3 研究目的与意义

党的十九大报告提出，"倡导创新文化，强化知识产权创造、保护、运用"。2017 年 7 月 17 日，习近平总书记在中央财经领导小组第 16 次会议上指出，"要加快新兴领域和业态知识产权保护制度建设。要加大知识产权侵权违法行为惩治力度，让侵权者付出沉重代价。要调动拥有知识产权的自然人和法人的积极性和主动性，提升产权意识，自觉运用法律武器依法维权"。2018 年 4 月 10 日，习近平总书记在博鳌亚洲论坛 2018 年年会开幕式上发表主旨演讲，将加强知识产权保护作为我国扩大开放的四项重大举措之一，明确指出"（加强知识产权保护）这是完善产权保护制度最重要的内容，也是提高中国经济竞争力最大的激励。对此，外资企业有要求，中国企业更有要求。今年，我们将重新组建国家知识产权局，完善执法力量，加大执法力度，把违法成本显著提上去，把法律威慑作用充分发挥出来。我们鼓励中外企业开展正常技术交流合作，保护在华外资企业合法知识产权。同时，我们希望外国政府加强对中国知识产权的保护"。

同时，2017 年 11 月 22 日召开的国务院常务会要求，在优势产业聚集地区创新知识产权保护机制，拓宽快捷、低成本的维权渠道。实施中小企业知识产权战略推进工程，提升综合运用知识产权促进创新驱动发展的能力。这一系列重要部署和指示精神，为进一步深化知识产权运营服务工作指明了方向。

虽然我国专利申请数量连续七年位居全球首位，但是专利总体质量和效益不高，技术含量和市场价值高的专利少，在关键产业和核心领域的专利占有比率较低，在一定高技术领域对外依存度高。企业、行业和区域专利布局意识薄弱，利用专利提升市场竞争力的能力不足。高校和科研院所存在大量"沉睡"的知识产权资产，专利带来的直接经济效益仍很有限。因此，知识产权运营已经成为活跃知识产权要素的重大课题，激活知识产权市场，实现知识产权的商业价值，对我国实现增长方式转变和创新驱动具有重大现实意义。

为了促进知识产权运营平台、机构、资本和产业等要素融合发展，推动知识产权运营与实体产业相互融合、相互支撑，着力打通知识产权运营链条和服务体系，更好发挥知识产权的市场激励机制和产权安排机制作用，强化创新驱动，助推产业高质量发展，不断增强我国经济创新力和竞争力。我们从数据篇、指标篇、城市篇和案例篇四个部分的不同视角，对 2017 年的中国专利运营整体状况、运营数据分析、运营指标体系、城市运营新政和企业运营经典案例进行了梳理、分析和总结，以期描绘过去一年中国专利运营事业的发展情况，为政府、企业和各类创新主体提供有力的数据支撑和决策依据，以期加快构建知识产权运营服务体系，强化知识产权创造、保护、运用，促进知识产权与创新资源、金融资本、产业发展有效融合。

# 数据篇

# 2017 年中国专利运营状况概览

◆ 第 1 章　2017 年中国专利运营整体状况

◆ 第 2 章　2017 年中国专利转让分析

◆ 第 3 章　2017 年中国专利实施许可分析

◆ 第 4 章　2017 年中国专利质押分析

# 第 *1* 章

# 2017 年中国专利运营整体状况

## 1.1 中国专利运营活跃加速，次数、件数上升幅度均创历年新高

2008 年我国颁布《国家知识产权战略纲要》（以下简称《纲要》），其中第二大战略措施就是关于知识产权的运用转化。当前正值《纲要》颁布十周年。十年来，在《关于深化体制机制改革加快实施创新驱动发展战略的若干意见》、《国务院关于新形势下加快知识产权强国建设的若干意见》、《"十三五"国家知识产权保护和运用规划》等一系列政策指导下，我国知识产权的运用效益日益凸显，其中 2017 年专利运营次数和件数涨幅均创下历年新高。

i 智库数据显示：2017 年中国专利运营[①]无论是运营次数还是运营涉及专利件数都呈现喜人增长的态势。全年中国专利运营次数为 247819 次，较 2016 年上涨 43.35%，涉及专利件数达 228701 件，较 2016 年增加 40.45%。上升幅度均创下历年数据的新高，如图 1 - 1 所示。

---

① 注释：本书所统计的专利运营数据基于中国专利法律状态数据中所发生"专利权转移"、"专利实施许可合同备案的生效"以及"专利权质押合同登记的生效"数据，其中许可数据为已备案许可数据，未备案许可数据未包括在内。

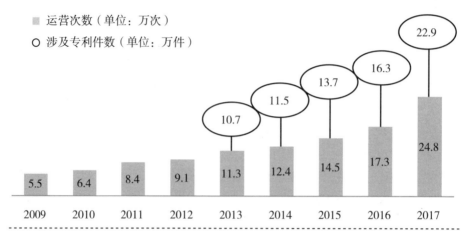

数据来源：知识产权出版社i智库。

数据时间：法律状态公告日为2017年1月1日至2017年12月31日。

图1-1　中国专利运营次数及涉及专利件数变化趋势（2009—2017）

## 1.2 专利转让和质押数量创新高，专利实施许可稳步复苏

目前学界普遍认可的专利权运营活动方式包括：实施及许可、转让、出资入股、质押、信托、证券化等。[①] 本书将主要集中在三类专利运营活动方式，包括专利转让、专利实施许可和专利质押。

其中专利转让是指专利权属发生变化的行为，转让分为商业购买和赠与等形式。转让后，除非获得新权利人（即受让方）的许可，原权利人失去了所有的权利，包括实施、质押、许可等权利。专利实施许可是指专利权属不变，但允许他人实施的一种形式。许可包括独占许可、排他许可、普通许可等形式，不同的形式其权利和义务不尽相同。专利质押是通过将专利资产质押的方式获得短期流动资金。[②]

从上述三种专利运营类型来看，2017年，专利转让依然占主导地位，全年转让次数超过20万，占比接近九成，涉及专利超过20万件；其次是专

---

① 毛金生. 专利运营实务［M］. 知识产权出版社，2013，第39页.

② 陆介平，林蓉，王宇航. 专利运营：知识产权价值实现的商业形态［J］. 工业技术创新，2015（2）：248-254.

利质押和专利实施许可，次数分别是 16900 次和 7822 次，涉及专利分别为 16601 件和 5294 件，如图 1 − 2 所示。

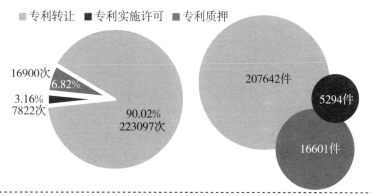

■专利转让　■专利实施许可　■专利质押

16900次
6.82%
3.16%
7822次
90.02%
223097次

207642件
5294件
16601件

数据来源：知识产权出版社i智库。
数据时间：法律状态公告日为2017年1月1日至2017年12月31日。

**图 1 − 2　2017 年中国不同专利运营类型涉及运营次数及件数**

与 2016 年相比，三种运营类型均有了不同程度的增长：其中专利转让活动持续活跃，次数同比上涨了 43.95%；2016 年有大幅回落的专利许可，在 2017 年也稳步复苏，次数同比小幅上涨 9.66%；而质押次数首次突破了 1.5 万次，同比上涨了 55.05%，也创下历年新高。

## 1.3　中国本土专利运营活动更加活跃，山东和福建加入万件阵营

从 2017 年中国专利运营涉及专利的原始申请地来看，i 智库数据显示：受国内相关政策的利好驱动，中国本土（不含港澳台地区）专利更加活跃，占比进一步提升至 88.65%。分地域来看，2017 年广东、浙江、江苏和北京等地涉及的专利运营件数全国领先，其中广东地区专利运营活动依然最为活跃，2017 年涉及运营的专利件数突破了 4 万件大关，同比增长 56.90%。如图 1 − 3 所示。总体来看，中国专利运营状况呈现东、中、西部逐渐递减的趋势。这与中国各地区发明专利拥有量呈现出一定的相关性。根据《中

国专利统计简要数据2017年》①的统计数据显示，2017年全国各地区发明专利拥有状况的分布中，排名位居前十位的地区分别是广东、北京、江苏、浙江、上海、山东、安徽、四川、湖北、湖南，但归根结底与中国各地经济发展、市场发育等状况存在着一定关系，经济基础发展较好、知识产权资源相对集中的地区，专利的布局和运营能力也更强。

2017年全年共有6个地区涉及运营的专利件数超过1万，除了一直以来排名靠前的广东、浙江、江苏、北京外，山东、福建两地也加入到万件阵营，两个地区运营的专利件数分别为11949件和10233件，如图1–3所示。在专利运营数超过万件的几个地区中，除北京、广东外，其他几个省份中均有国家知识产权局首批公布的知识产权运营服务体系建设重点城市：如福建的厦门、山东的青岛、江苏的苏州和浙江的宁波等。国外来华专利占到全年运营专利的10.27%，美国和日本以7074件专利和5544件专利占据前两位，与往年的排名相同。其次是韩国、荷兰、法国、德国、瑞士、芬兰等。涉及运营件数超过1000件以上的国家也增加到了7个（不含中国），如图1–3所示。

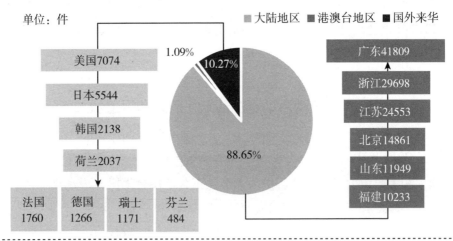

数据来源：知识产权出版社智库。
数据时间：法律状态公告日为2017年1月1日至2017年12月31日。

图1–3　2017年中国专利运营涉及专利申请来源地区分布

---

①　国家知识产权局规划发展司，2018年3月，第5页。

## 1.4 信息通信、医疗和材料等领域专利运营活跃

从 2017 年中国专利运营涉及的技术领域来看，与往年相比变化不大。涉及电数字数据处理（G06F）相关的专利依然最多，达到 6170 件，同比增长 35.40%。其次是医用、牙科用或梳妆用的配制品（A61K）、数字信息的传输，例如电报通信（H04L）、半导体器件；其他类目中不包括的电固体器件（H01L）。从 TOP10 技术领域分布来看，主要集中在信息基础产业、软件和信息技术服务业、生物医药产业、新型功能材料产业、资源循环利用产业等专利密集产业①中，如表 1－1 所示。

表 1－1  2017 年中国专利运营涉及专利 IPC 分布排行 TOP10

| 排名 | IPC | IPC 解释 | 运营涉及专利件数 |
|---|---|---|---|
| 2017 年中国专利运营涉及专利 IPC 分布排行 TOP10 ||||
| 1 | G06F | 电数字数据处理 | 6170 |
| 2 | A61K | 医用、牙科用或梳妆用的配制品 | 4763 |
| 3 | H04L | 数字信息的传输，例如电报通信 | 4074 |
| 4 | H01L | 半导体器件；其他类目中不包括的电固体器件 | 4014 |
| 5 | B01D | 分离 | 3596 |
| 6 | G01N | 借助于测定材料的化学或物理性质来测试或分析材料 | 3345 |
| 7 | C02F | 水、废水、污水或污泥的处理 | 2772 |
| 8 | F21S | 非便携式照明装置或其系统 | 2631 |
| 9 | H04N | 图像通信，如电视 | 2523 |
| 10 | B29C | 塑料的成型或连接；塑性状态材料的成型，不包含在其他类目中的；已成型产品的后处理，例如修整 | 2476 |

数据来源：知识产权出版社 i 智库。

数据时间：法律状态公告日为 2017 年 1 月 1 日至 2017 年 12 月 31 日。

---

① 《专利密集型产业目录（2016）》（试行），国家知识产权局，2016 年 9 月。

# 第2章

# 2017 年中国专利转让分析

## 2.1 2017 年全年专利转让次数猛增，实用新型和外观占比均有所上升

　　技术转移是连接国家创新体系中知识创新体系与技术创新体系的桥梁与纽带，是推动一个国家或地区技术创新和技术进步、增强经济实力和国际竞争力的重要手段。[①] 2016 年 2 月，国务院总理李克强主持召开国务院常务会议，会上鼓励国家设立的研究开发机构、高等院校等通过转让、许可或作价投资等方式，向企业或者其他组织转移科技成果，并享受审批流程简化、股权或资金奖励等政策。[②] 2016 年 4 月，国务院办公厅关于印发《促进科技成果转移转化行动方案》（国办发［2016］28 号）的通知，通过支持高校和科研院院所开展科技成果转移转化、推动企业加强科技成果转化应用、构建产业技术创新联盟等措施，产学研协同开展科技成果转移转化，[③] 打通

---

　　① 魏永莲，傅正华. 从技术市场视角看高校与技术转移——以北京市为例［J］. 科学管理研究，2011，29（2）：43 - 46.

　　② 凤凰财经宏观. 国务院出台五大政策支持科技成果转移转化［EB/OL］.（2016 - 02 - 17）.［2018 - 07 - 05］. http：//finance. ifeng. com/a/20160217/14221143_ 0. shtml

　　③ 中华人民共和国中央人民政府信息公开. 国务院办公厅关于印发促进科技成果转移转化行动方案的通知［EB/OL］.（2016 - 05 - 09）.［2018 - 07 - 05］. http：//www. gov. cn/zhengce/content/2016 - 05/09/content_ 5071536. htm.

了科技成果转化的"最后一公里"①。

随着技术创新的不断发展，在发达国家越来越多专业机构协助科研人员将研发成果进行转移转化，并投入到生产实践，不仅科研人员自身获得了巨大的经济回报，也对地区经济发展起到了直接的促进作用，间接培养了从技术研发、成果转化到产业化实施全链条的创新服务体系的形成。而专利作为经过专利局审查并予以公权力保护的技术形态，也作为科技成果的重要组成部分，其价值也正受到越来越多的关注和肯定。② 2016 年，专利技术合同较上年增加 2000 余项目，成交额为 1297. 31 亿元，增长 92. 10%，其中发明专利成交额翻了一番③。

2017 年 9 月，国务院关于印发《国家技术转移体系建设方案》的通知（国发〔2017〕44 号）支持企业牵头会同高校、科研院所等公建产业技术创新战略联盟，以技术交叉许可、建立专利池等方式促进技术转移扩散。④专利技术转移已经成为国家技术转移体系的基础架构之一，市场正愈加活跃，尤其以专利转让活动为代表。i 智库数据显示：2017 年，中国专利转让活动增长迅猛，转让次数为 223097 次，总数较 2016 年同比增长 68117 次，涨幅达到 43. 95%。涉及专利 207642 件，平均每件专利转让 1. 07 次。如图 2 - 1 所示。

专利转让活动的持续活跃，与我国知识产权运营的环境的改善分不开。为持续加强知识产权的运用，提高对实体经济的技术供给水平，我国通过建机制、建平台、促产业，加强知识产权的综合运用，加速专利成果向现实生产力转化。⑤ 2014 年国家知识产权局同财政部以市场化方式开展知识产

---

①　新华网科技. 科技部解读《促进科技成果转移转化行动方案》［EB/OL］.（2016 - 05 - 19）.［2018 - 07 - 05］. http：//www. xinhuanet. com/tech/2016 - 05/19/c_ 128996635. htm.

②　张娇，汪雪锋，刘玉琴等. 京津冀地区中国专利技术转移特征［J］. 科技管理研究，2017，37（22）：79 - 85.

③　科技部创新发展司. 2017 全国技术市场统计年度报告［M］. 兵器工业出版社，2017：4.

④　中华人民共和国中央人民政府信息公开. 国务院关于印发国家技术转移体系建设方案的通知［EB/OL］.（2016 - 05 - 09）.［2018 - 07 - 05］. http：//www. gov. cn/zhengce/content/2016 - 05/09/content_ 5071536. htm.

⑤　国家知识产权局知识产权工作. 申长雨在第八届中国专利年会上的致辞［EB/OL］.（2016 - 09 - 06）.［2018 - 07 - 06］. http：//www. sipo. gov. cn/zscqgz/1101132. htm.

权运营服务试点，确立了在北京建设全国知识产权运营公共服务平台，在西安、珠海建设两大特色试点平台，并通过股权投资重点扶持 20 家知识产权运营机构，示范带动全国知识产权运营服务机构快速发展，形成了"1 + 2 + 20 + N"的知识产权运营服务体系。同时，以股权投资方式扶持 10 个省份的知识产权运营机构，引导 10 个省份设立重点产业知识产权运营基金，支持 4 个省份设立知识产权质押融资风险补偿基金，初步形成了"平台 + 机构 + 资本 + 产业"四位一体的知识产权运营服务体系，促进了我国专利转让活动的持续活跃。

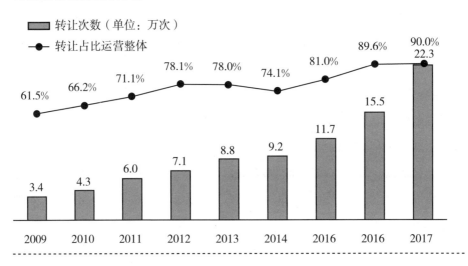

数据来源：知识产权出版社i智库。
数据时间：法律状态公告日截至2017年12月31日。

**图 2－1　中国专利转让次数变化趋势（2009—2017）**

从 2017 年中国专利转让涉及的专利类型构成看，发明专利仍然是专利转让活动的主要专利类型。2017 年，发明专利转让次数为 122147 次，较 2016 年的 88506 次增加了 3.4 万余次，增幅为 38.01%。发明专利转让次数在所有专利转让中的占比接近六成，为 54.75%，但该比例较 2016 年的 57.1% 略有下降。实用新型专利共计转让 83678 次，占比为 37.51%，较 2016 年的 35.4% 有所上升。外观专利共计转让 17272 次，占比为 7.74%，较 2016 年的 7.5% 有所上升。如图 2－2 所示。

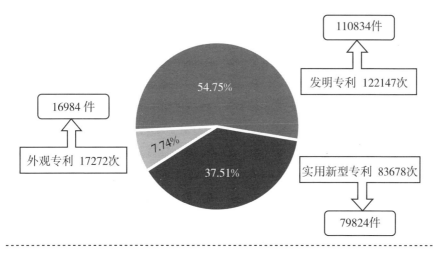

数据来源：知识产权出版社i智库。
数据时间：法律状态公告日为2017年1月1日至2017年12月31日。

**图 2-2 2017 年中国专利转让涉及专利类型占比情况**

专利权转让包括专利申请权和专利权转让，在转让过程中，专利申请权和专利权出让主体与受让主体，根据与专利申请权或专利转让有关的法律法规和双方签订的专利申请权或专利权转让合同，将专利申请权或专利权权利享有者由出让方转移给受让方的法律行为。① 由于专利权转让意味着权利主体的变更，因此通常情况下受让人在决定是否接受转让协议时会对权利本身的情况例如专利效力的稳定性②、保护范围③和持续时间④等更为关注，因此经过实质审查的发明专利更受青睐。

此外，从专利创造性角度来看，根据《中华人民共和国专利法》第二十二条中的规定：授予专利权的发明和实用新型，应当具备新颖性、创造性和实用性。创造性，是与现有技术相比，该发明具有突出的实质性特点

---

① 傅绍明．专利权转让探讨［J］．中国发明与专利，2008（9）：51-53.
② 朱雪忠．辨证看待中国专利的数量与质量［J］．中国科学院院刊，2013（4）：435-441.
③ 根据《中华人民共和国专利法》第二条，发明是指对产品、方法或者其改进所提出的新的技术方案。实用新型，是指对产品的形状、构造或者其结合所提出的适于实用的新的技术方案。
④ 根据《中华人民共和国专利法》第四十二条，发明专利权的期限为二十年，实用新型专利权和外观设计专利权的期限为十年，均于申请日期计算。

和显著的进步，该实用新型具有实质性特点和进步①。发明专利较实用新型多出了"突出的"和"显著的"两个限定，显然发明专利的创造性高度要高于实用新型专利。发明专利运营市场越活跃，对发明专利的需求越旺盛，则更能够反映我国技术市场创新的活力。

## 2.2 中国本土专利转让占比进一步提升，重点国家及经济发达省份内部转让活动频繁

从 2017 年中国专利转让主体的地域分布情况看，无论转出还是转入，来自中国本土的让与人/受让人参与的专利转让活动占比均超过八成。其中让与人占比为 88.55%，受让人占比为 88.50%，两者占比较 2016 年均有所提升。让与人中，中国本土让与人共计转出专利 197560 次，较 2016 年的 127212 次，同比增长 55.30%。受让人中，中国本土受让人共计受让专利 197440 次，较 2016 年的 128156 次，同比增长 54.06%。如图 2-3 所示。

外国来华的让与人/受让人参与的专利转让活动占比不超过两成，其中让与人占比为 11.45%，受让人占比为 11.50%。让与人中，外国来华共计转让专利 25537 次，较 2016 年的 27768 次，同比下降 8.03%。受让人中，外国来华共计受让专利 25657 次，较 2016 年的 26824 次，同比下降 4.35%。如图 2-3 所示。

由此可见，2017 年中国专利转让活动次数的增长主要受益于中国本土让与人/受让人转让活动的增加，且增势有扩大的趋势。

从具体地域情况来看，主要专利转让国家和省份依然相对集中，与往年情况类似。

---

① 中华人民共和国中央人民政府法律法规.《中华人民共和国专利法》［EB/OL］.（2008-12-27）.［2018-07-09］. http://www.gov.cn/flfg/2008-12-28/content_ 1189755.htm

数据来源：知识产权出版社 i 智库。

数据时间：法律状态公告日截至 2017 年 12 月 31 日。

图 2 - 3　2016/2017 年中国专利转让主体地域分布

从国家分布情况来看，除中国外，2017 年来自美国、日本、韩国和荷兰的权利人参与的专利转让活动较为频繁。在专利转让与人所在国家的排名中，排名前五位的国家中国、美国、日本、韩国和荷兰共计转出专利 215843 次，占 2017 年全年总转让次数的 96.75%。在专利受让人所在国家的排名中，排名前五位的国家与专利让与人国家排名完全相同，五者共计受让专利 213018 次，占 2017 年全年总受让次数的 95.48%。具体到各个国家让与人的专利流向和各个国家受让人的专利来源，大部分的专利转让活动均是本国内部权利人之间的转让。如图 2 - 4 所示。

从让与人涉及国家角度来看，i 智库数据显示：2017 年中国专利转让活动中的让与人分别来自 67 个国家，其中有 40 个国家的转让行为以本国内权利人之间的专利转让次数占总转出次数的比例最多。例如来自中国的让与人进行的 197560 次转让行为中，有 196335 次转让给了中国受让人，占比为 99.4%。同样，来自美国、日本、韩国和荷兰的专利转出行为也主要指向本国国内，其指向本国的专利转出次数占其各自专利转出总次数的比例分别为 64.3%、88.7%、92.9%、95.5%。如图 2 - 4 所示。

从受让人涉及国家来看，情况也十分类似：中国受让人通过转让获得专利的让与人大部分也来自于中国，在 197440 次受让行为中，有 196335 次来自中国让与人，占比为 99.44%。美国、日本、韩国和荷兰专利转入同样主要来源于本国，其来自本国的专利转入次数占其各自专利转入总次数的比例分别为 87. 76%、95. 69%、96. 61% 和 90. 41%。如图 2 - 4 所示。

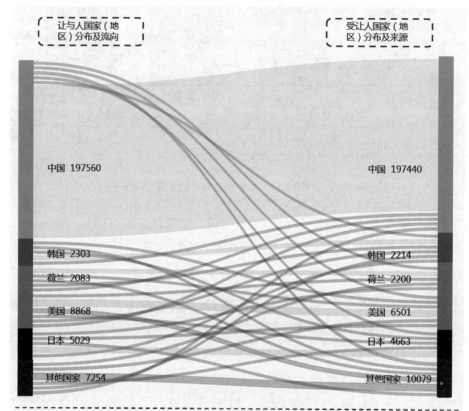

注：分别挑选让与人/受让人转让数量排名前五的国家进行流向分析，其余均归类为其他国家。
数据来源：知识产权出版社智库。
数据时间：法律状态公告日为2017年1月1日至2017年12月31日。

**图 2 - 4  2017 年中国专利转让让与人/受让人重点国家（地区）分布及流向、来源**

具体分析美国、日本、韩国和荷兰在中国专利转让活动可以看出，外国企业在中国的转让活动主要是由那些规模较大、研发能力较强、具有核心知识产权的大型跨国企业所带动，具体表现为跨国企业专利让与人占本国总转让次数的比例较高，如美国的国际商业机器公司、格芯，日本的东芝、三菱，韩国的三星集团以及荷兰的飞利浦公司等。如图 2 - 5 所示。

| 排名 | 国家 | 主要让与人 | 让与人专利转让占本国总次数的比例 |
|---|---|---|---|
| 1 | 美国 | 国际商业机器公司 | 16.86% |
| | | 格芯美国第二有限责任公司 | 15.36% |
| | | 美国博通公司 | 6.38% |
| 2 | 日本 | 三菱化学株式会社 | 13.48% |
| | | 东芝株式会社 | 11.65% |
| | | 三菱重工业株式会社 | 3.94% |
| 3 | 韩国 | 三星电子株式会社 | 45.16% |
| | | 三星SDI株式会社 | 11.72% |
| | | 第一毛织株式会社 | 9.55% |
| 4 | 荷兰 | 皇家飞利浦有限公司 | 89.97% |

数据来源：知识产权出版社i智库。
数据时间：法律状态公告日为2017年1月1日至2017年12月31日。

**图2-5 2017 年中国专利转让排名靠前的国家主要让与人及占比**

上述几个国家在中国的专利转让形式主要包括以下几个类型：一是集团内子公司之间的专利权转让，例如第一毛织株式会社转让专利给三星 SDI 株式会社，两者均属于三星集团下属企业；美国西门子医疗解决公司（美国）将专利转让给西门子保健有限责任公司（德国），两者均属于西门子股份有限公司的子公司。二是子公司与母公司之间的专利转让，例如东芝株式会社将专利转一个下属子公司东芝生活电器株式会社。三是企业间、权利人之间或者企业与权利人之间的商业性专利转让行为，例如美国博通公司将专利转让给恩智浦美国有限公司，国际商业机器公司将专利转让给联想国际有限公司。四是涉及专利运营公司的专利转让，包括企业与运营公司间的转让，如微软公司将专利转让给微软技术许可有限责任公司、汤姆森消费电子有限公司将专利转让给汤姆森许可公司，松下知识产权经营株式会社将专利转让给松下电器产业株式会社等；还包括运营公司之间的转让，如爱仕兰许可与知识产权有限公司将专利转让给凡孚林许可与知识产权有限公司，但总体而言这类专利转让占比较少。

而从中国各省份转让活动来看，广东、江苏、浙江、北京、山东是专利转让活动最为活跃的五个地区。从让与人角度来看，上述五个省份累计专利转出总次数为 120185 次，占 2017 年中国各省份转让活动总次数的

60.83%。其中广东仍然是专利转出次数最多的省份，2017 年共转出专利 43698 次，排名第一，较 2016 年的 26946 次，同比增长 62.17%。浙江、江苏、北京、山东省排名第二、三、四、五位，该排名中，浙江较 2016 年上升一位。四个省份分别转出专利 27807、24080、13891、10709 次，较去年同期增长 64.28%、39.15%、36.98% 和 20.87%。如图 2-6 所示。

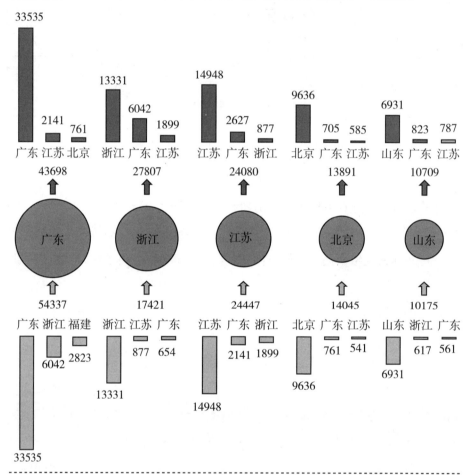

国籍选择说明：本节选取2017年专利转让次数排名前五位的让与/受让省份作为分析对象。
数据来源：知识产权出版社i智库。
数据时间：法律状态公开（公告）日为2017年1月1日至2017年12月31日。

图 2-6　2017 年中国专利转让让与人/受让人重点省份分布及流向、来源

从受让人的角度来看，广东是专利转入次数最多的省份，江苏、浙江、北京、山东转入次数排在第二、三、四、五位。上述五个省份累计专利转

入总次数 120425 次，占 2017 年中国各省份转让活动总次数的 60.96%。广东省转入专利 54337 次，较 2016 年的 30401 次，同比增长 78.73%；江苏、浙江、北京、山东分别转入专利 24447 次、17421 次、14045 次、10175 次，分别较去年同期增长 48.02%、32.85%、36.74% 和 2.72%。其中，北京扭转了 2016 年专利转入次数同比下降的态势。如图 2-6 所示。

通过上述分析可以看出，广东、江苏、浙江、北京和山东是专利转让活动较为集中的省份，尤其是广东、江苏、浙江和北京，无论转出还是转入，其相应的专利转让次数较 2016 年均有较大幅度增长。从上述专利转让流向地和来源地看，发生在各地区内部的专利转让活动均占比较高。除本省市内部的专利转让活动外，各省份之间的转让也均以经济较为发达的省份之间居多。

## 2.3 中国公司在转让活动中处于领先地位

不仅从总量上看，中国本土专利权人的转让活动有了较大发展，而且从排名靠前专利让与人和专利受让人来看，2017 年无论让与人还是受让人，排名前三位的均为中国公司，处于绝对的领先地位。而从上榜企业数量上看，分别共有 19 位中国企业（其中让与人中有 11 位中国企业上榜，受让人中有 8 位中国企业上榜）和 21 位外国企业上榜。总体来看，专利转让活动已经打破了前些年主要是由国外公司主导的局面。如图 2-7 所示。

i 智库数据显示：2017 年中国专利转让涉及转让次数排行的让与人 TOP20 中，中国公司有 1 位，其余 9 位分别来自美国（4 位）、日本（2 位）、荷兰（1 位）、法国、瑞士（1 位）。如图 2-7 所示。

具体分析其转让行为，中国上榜的 11 位企业/机构中有 5 位或存在商业性转让，占所有中国公司的比例为 45.45%，其余上榜的 6 位企业/机构的专利转让行为均不存在商业性转让，如图 2-5 所示。不涉及商业性的专利转让主要集中在以下几种形式：一是企业与参股子公司之间的专利转让，例如北京奇虎科技有限公司的专利转让行为均发展在其与参股子公司北京云世纪科技有限公司、北京奇安信科技有限公司和北京世界星辉科技有限责任公司之间；二是子公司与母公司的专利转让，例如北京汽车研究总院有限公司的专利转让均发生在其与母公司北京汽车集团有限公司之间；三是集团公司与集团参股合资子公司的专利转让，例如武汉钢铁（集团）公司将专利转让给通用电气（武汉）自动化有限公司。[①] 或存在商业性专利转让的企业/机构具体包括：广东高航知识产权运营公司（以下简称广东高航）、华为终端公司、中兴通讯股份有限公司（以下简称中兴通讯）、华为技术有限公司（以下简称华为技术）和英业达股份有限公司（以下简称英业达）。但从实际专利转让情况来看，仅有广东高航、中兴通讯、华为技术和英业达四家企业存在大规模的商业转让行为，华为终端公司仅有几件专利转让给深圳市智通天下科技服务有限公司，商业转让的占比较少。因此，总体来看，2017 年我国专利商业转让行为活跃度有限，存在较大的提升空间。

上榜的 9 位外国公司中有 5 位或存在商业性转让行为，占所有外国公司的比例为 55.56%，包括来自荷兰的皇家飞利浦有限公司、美国的国际商业机器公司、韩国的三星电子株式会社、日本的东芝株式会社和美国博通公司。如图 2 - 7 所示。

纵观所有专利转让让与人，来自中国的广东高航表现最为突出，2017年共计转让专利 3369 次，排名第一，同比增长 2.46 倍（2016 年高航作为让与人共转让专利 975 次[②]）。分析其转让行为可以看出，其转让行为共包含 1805 位受让人，排名靠前的为潘荣琼（37 次）、南通苏诺特包装机械有限公司（33 次）、江苏锡沂高新区科技发展有限公司（23 次）和张家港扬子纺纱有限公司（21 次）等，总体来说，专利转让较为分散，专利转让业务日益凸显。

广东高航成立于 2012 年，公司总部位于广东省广州市，并获批"国家

---

① 通用电气（武汉）自动化有限公司，成立于 2000 年 9 月，是武钢集团为引进先进技术，与 GE 公司电能转换事业部（GE Power Conversion）合资的专业工业自动化工程公司。
② 数据来源：《2016 年中国专利运营状况研究报告》，知识产权出版社 i 智库。

| 排名 | 让与人 | 国别 | 转让次数 | 商业性转移 |
|---|---|---|---|---|
| 1 | 广东高航知识产权运营有限公司 | 中国 | 3369 | 有 |
| 2 | 武汉钢铁（集团）公司 | 中国 | 3044 | 无 |
| 3 | 华为终端有限公司 | 中国 | 2086 | 有 |
| 4 | 皇家飞利浦有限公司 | 荷兰 | 1874 | 有 |
| 5 | 国际商业机器公司 | 美国 | 1495 | 有 |
| 6 | 格芯美国第二有限责任公司 | 美国 | 1362 | 无 |
| 7 | 宁波奥克斯空调有限公司 | 中国 | 1137 | 无 |
| 8 | 米其林研究和技术股份有限公司；米其林集团总公司 | 法国；瑞士 | 1137 | 无 |
| 9 | 中兴通讯股份有限公司 | 中国 | 1092 | 有 |
| 10 | 三星电子株式会社 | 韩国 | 1040 | 有 |
| 11 | 华为技术有限公司 | 中国 | 767 | 有 |
| 12 | 三菱化学株式会社 | 日本 | 678 | 无 |
| 13 | 东芝株式会社 | 日本 | 566 | 有 |
| 14 | 美国博通公司 | 美国 | 552 | 有 |
| 15 | 武汉钢铁股份有限公司 | 中国 | 531 | 无 |
| 16 | 北京奇虎科技有限公司 | 中国 | 481 | 无 |
| 17 | 北京汽车研究总院有限公司 | 中国 | 445 | 无 |
| 18 | 厦门松霖科技股份有限公司；周华松 | 中国 | 439 | 无 |
| 19 | 吉列有限公司 | 美国 | 421 | 无 |
| 20 | 英业达股份有限公司 | 中国 | 418 | 有 |

数据来源：知识产权出版社i智库。

数据时间：法律状态公告日为2017年1月1日至2017年12月31日。

**图2-7　2017 年中国专利转让让与人排行 TOP20**

专利运营试点企业"、"全国知识产权服务品牌培育机构"、"广州市科技创新小巨人企业"、"广州市首批科技创新服务机构"等荣誉。公司依托"高航网"这一平台，打造"互联网＋"知识产权管理和科技成果转化服务平台，目前公司的主营业务包括知识产权运营、知识产权大数据、知识产权创新技术孵化三大领域，并具备直接采购、专利猎头和独家代理三种特色专利运用模式[①]。除此之外，公司正在专利质押融资、专利价值评估和维权等方面积极拓展业务。高航网还建有庞大的专利权转移数据库和专利池，帮助企业进行有效的专利预警和导航，以规避不必要的专利纠纷。[②] 目前公

---

① 高航网. 公司简介［EB/OL］.［2018 - 07 - 16］. http：//www. gaohangip. com/companyinfo. html.

② 中国知识产权资讯网. 高航网：发展新特色.［EB/OL］.（2018 - 04 - 25）.［2018 - 07 - 16］. http：//www. iprchn. com/cipnews/news_ content. aspx？ newsId = 107791.

司正积极拓展战略合作伙伴，2017年5月①和2018年3月②，分别与北京IP以及七弦琴国家平台签订了战略合作协议，共同推动我国知识产权运营行业发展。

除了广东高航之外，武汉钢铁（集团）公司也在让与人中表现突出，2017年，武汉钢铁（集团）公司在中国共转让专利3044次，但受让人全部为其控股子公司或联合控股公司，其中所占比例较多的有：武汉钢铁有限公司共受让2726次、武汉钢铁工程技术集团有限责任公司受让84次等。

在受让人TOP20中，中国公司有8位，其余12位分别来自美国（4位），日本（3位），荷兰（2位），法国（1位）、新加坡（1位）、韩国（1位）。如图2-8所示。

| 排名 | 受让人 | 国别 | 转让次数 | 商业性转移 |
|------|--------|------|----------|------------|
| 1 | 广东高航知识产权运营有限公司 | 中国 | 3454 ‖‖‖‖‖‖‖‖‖‖‖‖‖‖‖‖ | 有 |
| 2 | 武汉钢铁有限公司 | 中国 | 3292 ‖‖‖‖‖‖‖‖‖‖‖‖‖‖‖‖ | 无 |
| 3 | 华为终端（东莞）有限公司 | 中国 | 2066 ‖‖‖‖‖‖‖‖‖‖ | 无 |
| 4 | 格芯公司 | 美国 | 1364 ‖‖‖‖‖‖‖ | 无 |
| 5 | 格芯美国第二有限责任公司 | 美国 | 1363 ‖‖‖‖‖‖‖ | 有 |
| 6 | 米其林集团总公司 | 法国 | 1146 ‖‖‖‖‖‖ | 无 |
| 7 | 奥克斯空调股份有限公司 | 中国 | 1137 ‖‖‖‖‖‖ | 无 |
| 8 | 飞利浦灯具控股公司 | 荷兰 | 1049 ‖‖‖‖‖ | 无 |
| 9 | 爱思打印解决方案有限公司 | 韩国 | 1027 ‖‖‖‖‖ | 有 |
| 10 | 三菱丽阳株式会社 | 日本 | 850 ‖‖‖‖ | 有 |
| 11 | 飞利浦照明控股有限公司 | 荷兰 | 797 ‖‖‖‖ | 无 |
| 12 | 慧与发展有限责任合伙企业 | 美国 | 586 ‖‖‖ | 有 |
| 13 | 东芝存储器株式会社 | 日本 | 575 ‖‖‖ | 无 |
| 14 | 安华高科技通用IP（新加坡）公司 | 新加坡 | 546 ‖‖‖ | 有 |
| 15 | 北京安云世纪科技有限公司 | 中国 | 526 ‖‖‖ | 有 |
| 16 | 北京汽车集团有限公司 | 中国 | 481 ‖‖ | 无 |
| 17 | 厦门松霖科技股份有限公司 | 中国 | 448 ‖‖ | 无 |
| 18 | 长沙中联重科环境产业有限公司 | 中国 | 418 ‖‖ | 无 |
| 19 | 吉列有限公司 | 美国 | 410 ‖‖ | 无 |
| 20 | 日立制作所株式会社 | 日本 | 380 ‖‖ | 无 |

数据来源：知识产权出版社i智库。
数据时间：法律状态公告日为2017年1月1日至2017年12月31日。

图2-8 2017年中国专利转让受让人排行TOP20

---

① 凤凰资讯．高航网与北京IP达成知识产权运营战略合作．［EB/OL］．（2017-05-167724）．
［2018-07-16］．http：//news.ifeng.com/a/20170524/51155406_0.shtml.
② 七弦琴国家知识产权运营平台．七弦琴×高航网×尚标网×麦知网，四方强强联手．［EB/
OL］．（2018-03-16）．［2018-07-16］．https：//corp.7ipr.com/qxqdt/285.htm.

在受让人排名中，转让行为或涉及商业性转让的有 6 位，包括中国的广东高航、美国的格芯美国第二有限责任公司、韩国的爱思打印解决方案有限公司、日本的三菱丽阳株式会社、美国的慧与发展有限责任合伙企业、新加坡的安华高科技通用 IP（新加坡）公司。除广东高航外，来自中国的公司，企业受让行为均不存在商业性转让。

# 第 3 章

# 2017 年中国专利实施许可分析

## 3.1 许可次数较 2016 年略有增长，发明专利实施许可占比进一步提升，且平均每件许可次数增多

在中国专利运营总体呈现逐年上升的态势下，中国专利实施许可呈波浪式发展，尤其在 2015 年和 2016 年间我国专利实施许可量下降显著，我们分析，一方面与我国并未采用专利实施许可强制备案制度有关①，另一方面在《高新技术企业认定管理工作指引》（国科发火［2016］195 号)② 高新技术企业认定条件中对企业主要产品（服务）的核心技术拥有自主知识产权的方式做了修改，其中取消了"通过 5 年以上的独占许可方式"的获取方式，因此导致了 2016 年我国专利许可数量大幅下降。而在运营环境持续向好的刺激下，2017 年备案的专利许可次数较 2016 年已经开始企稳，全年共计许可专利 7822 次，同比增长 9.66%。但从占比来看，专利许可占所有专利运营活动的比重仅为 3.2%，较 2016 年同期下降 0.9 个百分点。如图 3-1 所示。

---

① 根据《中华人民共和国专利发实施细则（2010 修订)》第十四条和《专利实施许可合同备案办法》（国家知识产权局令第 62 号）第五条的规定，专利权人与他人订立的专利实施许可合同，应当自合同生效之日起 3 个月内向国务院专利行政部门备案。

② 国家税务总局. 科技部 财政部 国家税务总局 关于修订印发《高新技术企业认定管理工作指引》的通知. ［EB/OL］. （2016 - 06 - 22）. ［2018 - 06 - 24］. http：//www. chinatax. gov. cn/n810341/n810755/c2200380/content. html.

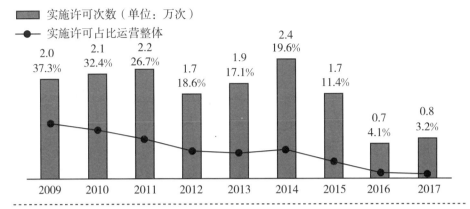

数据来源：知识产权出版社i智库。

数据时间：法律状态公开（公告）日为2017年1月1日至2017年12月31日。

**图3−1　中国专利实施许可次数变化趋势（2009—2017）**

专利合同许可备案既有利于专利行政管理部门了解专利许可方面的动态信息，为其管理提供信息支持，同时也有利于社会公众全面掌握专利许可方面的信息，了解被许可专利权的法律状态，使社会公众的合法权益得到有效保护。[①]

从权利人角度看，国家知识产权局出具的专利实施许可合同备案证明是办理外汇、海关知识产权备案等相关手续的证明文件；经过备案的专利实施许可合同的许可性质、范围、时间、许可使用费的数额等可以作为人民法院、管理专利工作的部门进行调节或确定侵权纠纷赔偿数额时的参照；已经备案的专利实施许可合同的受让人有证据证明他人正在实施或者即将实施侵犯其专利权的行为，如不及时制止将会使其合法权益受到难以弥补的损害的，可以向人民法院提出诉前责令被申请人停止侵犯专利权行为的申请，也可以依法请求地方备案管理部门处理。[②]

---

① 裴志红，武树辰．完善我国专利许可备案程序的法律思考［J］．中国发明与专利，2012（5）：75－80．

② 华律网．专利实施许可合同备案的意义．［EB/OL］．（2018－01－05）．［2018－06－24］．http：//www.66law.cn/laws/66532.aspx.

专利实施许可合同备案在切实保护专利权、规范专利实施许可行为、避免专利纠纷的发生、促进专利实施等方面具有重要作用。

从许可涉及的专利类型来看，2017 年专利实施许可发明专利的占比进一步提升。2017 年共计有 2722 件发明专利实施许可 5126 次，许可次数较 2016 年同期的 4094 次同比增长 25.21%，占所有实施许可的比重较 2016 年的 57.4% 提升至 65.5%，平均每件发明专利的许可次数也从 1.1 次增加到了 1.9 次。如图 3 - 2 所示。其次，2017 年实用新型专利共计实施许可 1777 次，较 2016 年同期下降 23.44%，占所有实施许可的比重进一步下降为 22.7%。2017 年外观专利共计实施许可 919 次，较 2016 年同期增长 27.99%，占比提升至 11.7%。如图 3 - 2 所示。

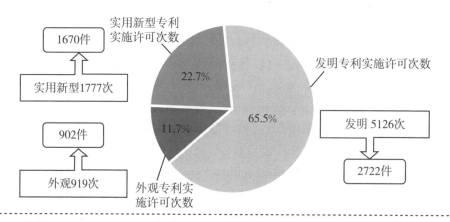

数据来源：知识产权出版社i智库。
数据时间：法律状态公开（公告）日为2017年1月1日至2017年12月31日。

**图 3 - 2　2017 年中国专利实施许可涉及专利类型占比情况**

通过专利许可，专利所有者能够获得收益以激励其继续进行创新；从专利生产效率的角度来说，专利许可促进了技术扩散，提高了社会整体的生产效率；从技术创新角度来看，专利许可使其他企业可以将专利权作为投入来进行创新，解决了权利封锁问题，使得互补发明成为可能。[①] 从专利

---

① 任剑新，张凯. 空间框架下的专利许可：创新激励与福利分析 [J]. 中南财经政法大学学报，2016，No. 217（4）：21 - 30.

权实施许可促进技术创新和提高社会效益的角度来看，发明专利相较于其他专利类型，价值更高，实施许可后能够在最大程度上发挥专利许可的作用。因此发明专利实施许可占比高存在内在动因，同时也体现了 2017 年我国专利许可行为较往年更加接近于市场行为。

## 3.2 普通许可占比提升

专利许可的种类按照许可范围及实施权大小，可以分为：独占许可合同、排他许可合同、普通许可合同等形式，此外还有交叉许可和分许可。（1）独占许可，是指许可方规定被许可方在一定条件下独占实施其专利的权利，这种许可的特点是许可人本人也不能使用这项专利，同时也不能向任何第三方授予同样内容的许可。（2）排他许可，是指许可人不在该地域内再与任何第三方签订同样内容的许可合同，但许可人本身仍有权在该地域内使用该项专利，这种许可也称独家许可。（3）普通许可，也称非独占性许可，它是最常见的专利许可方式，即许可人在允许被许可人使用其专利的同时，本人仍保留着该地域内使用其专利的权利，同时也可以将使用权在授予被许可人以外的第三人。（4）交叉许可，也称互惠许可或相互许可，是指当事人双方相互允许对方使用各自的专利。（5）分许可也称再许可、从属许可，指原专利许可合同的被许可人经许可人的事先同意在一定的条件下将专利权或者其中一部分权利在授权给第三方在一定条件下使用。未经许可人事先同意，被许可人无权与任何第三方签订分许可合同。

与往年类似，2017 年中国专利实施许可主要由普通许可驱动，2017 年共计发生普通许可 5259 次，占比为 67.23%，独占许可、排他许可和分许可的占比分别实施 1723 次、839 次和 1 次，占比分别为 22.03%、10.73%、0.01%。如图 3-3 所示。

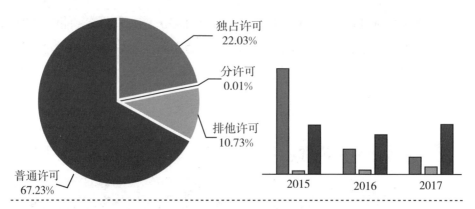

数据来源：知识产权出版社i智库。
数据时间：法律状态公开（公告）日为2017年1月1日至2017年12月31日。

图3-3 2017年中国专利实施许可类型分布及专利许可类型对比

　　近些年来，普通许可的占比一直处于上升趋势，2017年普通许可次数同比较2016年提升28.33%，增速快于2017年全年专利许可整体增速。尤其是中国本土专利权人的普通许可越发活跃，究其原因，主要有以下几点。

　　一是，政策推动。除按照《国家税务总局关于技术转让所得减免企业所得税有关问题的通知》（国税函〔2009〕212号）、《财政部　国家税务总局关于居民企业技术转让有关企业所得税政策问题的通知》（财税〔2010〕111号）、《国家税务总局关于技术转让所得减免企业所得税有关问题的公告》（国家税务总局公告2013年第62号）中有关企业享受技术转让所得企业所得税优惠规定外，2015年国家税务总局颁布、实施了《关于许可使用权技术转让所得企业所得税有关问题的公告》（国家税务总局公告2015年第82号）。该公告就许可使用权技术转让所得企业所得税有关问题进行进一步说明。根据该公告，"全国范围内的居民企业转让5年（含，下同）以上非独占许可使用权取得的技术转让所得，纳入享受企业所得税优惠的技术转让所得范围。居民企业的年度技术转让所得不超过500万元的部分，免征企业所得税；超过500万元的部分，减半征收企业所得税"。该公告还明确指出"所称技术包括专利（含国防专利）、计算机软件著作权、集成电路布图设计专有权、植物新品种权、生物医药新品种，以及财政部和国家税务总局确定的其他技术。其中，专利是指法律授予独占权的发明、实用新型以及非简单改变产品图案和形状的外观设计"。此外，地方政策的出台无疑也起到推动作用。例如，2010 年 6 月，北京市知识产权局、北京市财政局联合印发了《北京市专利商用化促进办法》，对北京市专利权人在专利商用化过程中符合条件的专利转让、专利许可行为进行资助。

二是，专利在市场中的作用日益明显，许可更趋于市场导向。由于许可人可以允许多位被许可人在规定期限和地区使用其专利技术，因此，普通许可费用通常要低于独占许可和排他许可。一方面被许可人可以通过支付相对低的费用，通过普通许可的方式快速获得专利技术的使用权，进而规避侵权风险，降低研发成本，有利于生产经营活动。另一方面许可人也可以许可多人使用其专利技术以获得更高的收益。随着企业经济活动的发展，专利在市场竞争中的作用日益明显，中国本土许可人及被许可人专利运营意识正在逐步增强，这无疑很大程度上促进了专利许可活动的活跃度的提升，许可更趋于市场导向。

三是，受《高新技术企业认定管理工作指引》（国科发火〔2016〕195号）政策影响，独占许可的占比较 2016 年同比下降了 14.4 个百分点。

进一步分析许可活动涉及专利的授权情况，可以看到：有 92.1% 的专利是授权专利，其中 2010 年及以后授权专利占 2017 年度许可专利总量的 90.38%。如图 3 - 4 所示。专利申请根据 2011 年颁布实施的《专利实施许可合同备案办法》第二十条规定"当事人以专利申请实施许可合同申请备案的，参照本办法执行"，因此专利申请同样可以进行实施许可的备案。但对于企业而言，授权专利才具有专利权，才具有专利独占性和排他性，因此企业更倾向于向获得授权的专利进行许可活动。

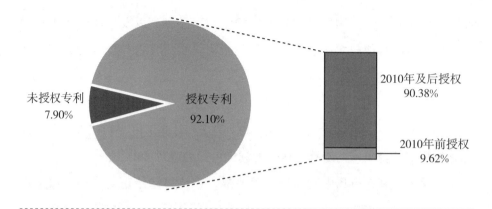

数据来源：知识产权出版社i智库。
数据时间：法律状态公开（公告）日为2017年1月1日至2017年12月31日。

图3-4 2017年中国专利实施许可涉及专利授权情况

## 3.3 中国本土专利许可占比较高，浙江省表现突出

从2017年中国专利许可的国别分别来看，无论是许可人还是被许可人，中国的占比均最大，但是略有不同的是，许可人较被许可人分布较为分散。从许可人来看，来自中国的许可人在2017年共实施了4749次许可，占比为60.71%，其次来自卢森堡、荷兰、美国和日本的许可人分别位列第二、三、四、五位，四者占全部许可人的比重分别为14.10%、10.76%、6.47%和5.27%。从被许可人的角度来看，来自中国的被许可人共有7706次，占比总数的98.52%，几乎所有的专利许可都流向了中国的权利人。如图3-5所示。

从专利实施许可的流向来看，2017年，来自排名前五的许可人国家分布中，占比最高的被许可人均是来自中国。例如来自中国的许可人实施的4749次专利许可中，许可给中国被许可人的次数为4746次，占比为99.94%，排名第二、三、四、五位的国家卢森堡、荷兰、美国和日本中，这一比例分别为99.95%、100%、98.42%、99.03%。如图3-5所示。

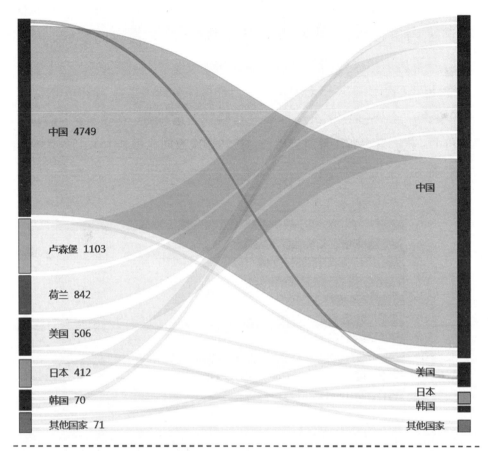

数据来源：知识产权出版社i智库。
数据时间：法律状态公告日为2017年1月1日至2017年12月31日。
注释：其中有69次许可无法识别许可人/被许可人国别，因此分析总数据为7753。

**图 3-5　2017 年中国专利实施许可主要流向分析**

从地区分布来看，浙江、江苏、广东和北京是专利实施许可活动的重点地区，具有较高的活跃度。无论从专利原始申请省份来源，还是许可人、被许可人地域分布看，上述四地的排名靠前。

从 2017 年专利许可次数省份排名看，浙江、江苏、广东和北京专利实施许可次数较多，浙江尤其在 2017 年表现突出，导致 2017 年的排名与2016 年略有差异。从专利许可次数省份的排名来看，排名前三的分别为浙江（1136 次）、广东（548 次）和北京（469 次），与 2016 年的江苏（1260

次）、广东（1140 次）和北京（653 次）不同。浙江 2017 年共实施许可
1136 次，同比增长 402.65%，其余省份许可次数则均有不同程度的下降。
如图 3 - 6 所示。从专利被许可次数省份排名看，2017 年江苏（1974 次）、
浙江（1263 次）和广东（1098 次）被许可次数较多，对比 2016 的广东
（2050 次）、江苏（1497 次）和北京（582 次）的排名，在排名靠前的几个
省份中，依旧只有浙江省逆势增长，被转让次数同比增长 184.46%。如图
3 - 7 所示。

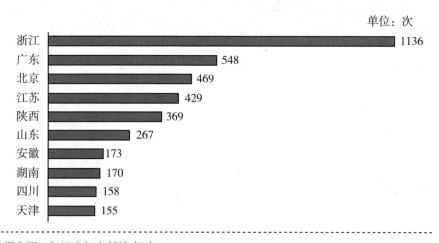

单位：次

数据来源：知识产权出版社i智库。
数据时间：法律状态公开（公告）日为2017年1月1日至2017年12月31日。

**图 3 - 6　2017 年中国专利实施许可人中国地区排行 TOP10**

2017 年，浙江省实施的 1136 次许可中涉及 250 名许可人，其中排名靠
前的有奇特乐集团有限公司（实施许可 182 次）和凯奇集团有限公司（实
施许可 137 次），两者均许可给温州联科知识产权服务有限公司。1263 次被
许可人共涉及 165 名被许可人，其中温州联科知识产权服务有限公司涉及
422 次。该公司是一家成立于 2017 年的专利运营公司，直接提升了浙江省
全年的专利许可次数。

单位：次

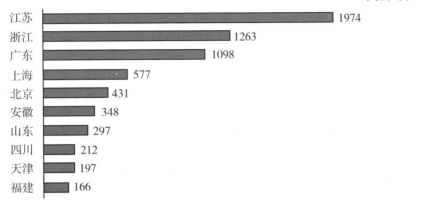

数据来源：知识产权出版社i智库。
数据时间：法律状态公开（公告）日为2017年1月1日至2017年12月31日。

图 3－7  2017 年中国专利实施被许可人中国地区排行 TOP10

2017 年浙江省在专利运营方面表现突出，这与近些年来浙江省大力推动科技成果转化的实践分不开。2016 年 11 月，《科技部关于建设浙江省国家科技成果转移转化示范区的函》（国科函创〔2016〕281 号）同意浙江建设国家科技成果转移转化示范区，提出努力将浙江示范区打造成为全国一流的科技成果交易中心和面向全球的技术转移枢纽，探索"互联网＋"科技成果转化的有效模式。2017 年 1 月，浙江省人民政府在北京召开《浙江省建设国家科技成果转移转化示范区实施方案（2016—2020年)》座谈会，对如何是做好示范区建设进行了进一步探讨。2017 年 3 月，浙江省人大常委会表决通过了《浙江省促进科技成果转化条例》，首次在地方立法中明确职务科技成果权属奖励制度。2017 年 6 月，浙江省人民政府办公厅印发《浙江省建设国家科技成果转移转化示范区实施方案（2017—2020 年)》，该方案以市场培育、企业主体、产业升级、协同创新、科技金融、人才发展和环境优化 7 大工程为主要任务，并提出 26 条措施，构建了一条具有浙江特色的科技成果转移转化体系，该方案还提出到 2020 年"发明专利授权量达到 4.6 万件，每年推动 1000 个授权发明专利产业化"的发展目标。从实施效果来看，截至 2017 年 12 月 22 日，浙江省全年实现技术交易总额 534.81 亿元，同比增长 56.65%，从知识产权运营的角度，浙江省在 2017 年的成绩依旧亮眼。国家科技成果转移转化示范区建设成效已初步显现。

2017 年中国专利实施许可 TOP3 地域主要流向以本地区为主。各省（市）专利实施许可流向呈现"一边倒"的特点，即许可活动主要发生在各省内部，这一情况与 2016 年类似。其中，浙江省发生许可的专利 57.75% 许可给了浙江本省的被许可人，广东省专利有 84.49% 许可给了广东的被许可人，北京的专利 27.29% 许可了当地被许可人。如图 3-8 所示。

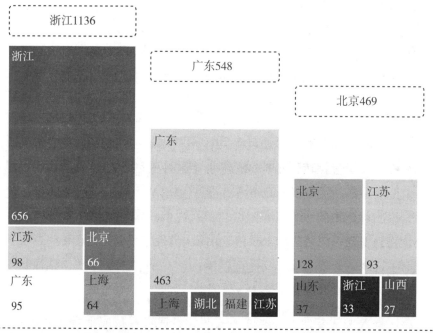

数据来源：知识产权出版社i智库。
数据时间：法律状态公告日为2017年1月1日至2017年12月31日。

图 3-8　2017 年中国专利实施许可人 TOP3 地域主要流向分析

2017 年中国专利实施被许可 TOP3 地域主要来源中，外国公司占比较高。以江苏省为例，在 1974 次专利实施被许可中，分别有 28.12% 和 19.20% 来自卢森堡和荷兰的地板工业有限公司和尤尼林管理私营公司，这两家公司凭借在地板领域的专利布局优势，在中国进行了大量的专利运营。

其次来自日本的日立金属子公司日立金属三环磁材（南通）有限公司和星崎株式会社子公司星崎电机（苏州）有限公司作为被许可人，接受了较多来自母公司的专利许可，导致日本在江苏省被许可来源中的排名也比较靠前。如图 3 - 9 所示。

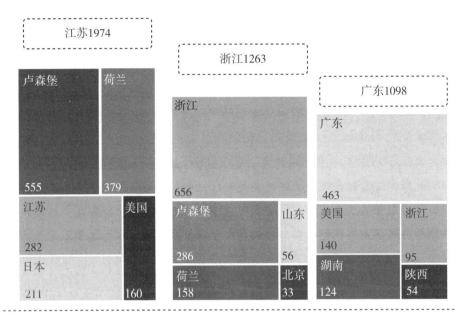

数据来源：知识产权出版社 i 智库。
数据时间：法律状态公告日为 2017 年 1 月 1 日至 2017 年 12 月 31 日。

**图 3 - 9 2017 年中国专利实施被许可人 TOP3 地域来源分析**

## 3.4 中国本土许可商业化与国外存在差异，西安捷通表现突出

2017 年中国专利实施许可的许可人排行 TOP20 榜单如表 3 - 1 所示。其中，来自国外的许可人共有 6 位，其中有 4 位涉及商业许可，分别来自荷兰、卢森堡、美国和日本。排名靠前的地板工业有限公司、尤尼林管理私营公司、佩尔戈（欧洲）股份公司在中国专利许可的经验丰富，实施许可次数远超其余专利许可人。其余 14 位许可人均来自中国，其中涉及商业许可的有 6 位，占比为 43.86%，低于国外的比例。

排名第一的是地板工业有限公司与尤尼林管理私营公司，地板工业公司（Flooring Industries）是下属于尤尼林（Unilin）集团的知识产权公司。地板工业公司管理尤尼林集团的知识产权，负责开展集团专利许可证的谈判和专利授权。尤尼林集团作为地板行业的龙头企业，在中国也进行了大量的专利布局，其中不乏当前热点技术。2017 年，尤尼林管理私营公司和地板工业有限公司作为共同专利许可人，在中国共进行了 1075 次专利许可活动，同比增长 400%。这 1075 次专利许可来自尤尼林管理私营公司和地板工业有限公司的 55 件专利，这 55 件专利通过普通许可的方式被许可给多家中国地板企业。尤尼林集团的专利给其带来了大量财富，同时也为中国同行业企业的发展设置了不可逾越的障碍。尤尼林集团在中国的成功既得益于其成熟的知识产权策略和完善的知识产权运营体系，也得益于其在地板行业领先的技术及成功的专利布局策略。

从中国公司的表现来看，来自西安的西电捷通无线网络通信股份有限公司（以下简称西电捷通）表现突出，2017 年共实施许可专利 265 次，涉及 53 件专利及 5 位通信行业的被许可人。西电捷通于 2000 年成立，公司主营业务为提供网络与信息基础架构安全技术解决方案，基于虎符 TePA（三元对等）安全架构，在 IP 安全、有线安全、无线移动安全、近距离通信安全、数据安全与隐私等诸多领域具有核心技术。[1] 2017 年公司自主研发的物联网安全协议关键技术 TRAIS－X，被国际标准组织正式发布，成为国际标准技术规范。[2]

其余涉及商业许可的中国许可人分别包括奇瑞汽车股份有限公司、芯鑫融资租赁（天津）有限责任公司、江苏大学、徐宇飞和航天长征化学工程股份有限公司，但所涉及的商业性专利许可数量占比均不是很多。

---

[1] 西电捷通. 公司概述. ［EB/OL］. ［2018－04－24］. http：//www.iwncomm.com/cn/ShowArticle.asp？ArticleID=1.

[2] 西电捷通. 西电捷通物联网安全关键技术 TRAIS－X 被采纳并发布为国际标准. ［EB/OL］.（2017－10－24）. ［2018－04－24］. http：//www.iwncomm.com/cn/ShowArticle.asp？ArticleID=728.

表 3 - 1　2017 年中国专利实施许可许可人排行 TOP20

| 排名 | 许可人 | 许可次数 | 商业性许可 | 许可人国别 |
|---|---|---|---|---|
| 2017 年中国专利实施许可人排行 TOP20 | | | | |
| 1 | 地板工业有限公司；尤尼林管理私营公司 | 1075 | 有 | 卢森堡；荷兰 |
| 2 | 地板工业有限公司；尤尼林管理私营公司；佩尔戈（欧洲）股份公司 | 821 | 有 | 卢森堡；荷兰 |
| 3 | PPG 工业俄亥俄公司 | 303 | 有 | 美国 |
| 4 | 西安西电捷通无线网络通信股份有限公司 | 265 | 有 | 中国 |
| 5 | 蓝光联合有限责任公司 | 203 | 有 | 日本 |
| 6 | 奇特乐集团有限公司 | 182 | 无 | 中国 |
| 7 | 日立金属株式会社 | 180 | 无 | 日本 |
| 8 | 凯奇集团有限公司 | 137 | 无 | 中国 |
| 9 | 北新集团建材股份有限公司 | 122 | 无 | 中国 |
| 10 | 湖南中烟工业有限责任公司 | 120 | 无 | 中国 |
| 11 | 路博润公司 | 114 | 无 | 美国 |
| 12 | 奇瑞汽车股份有限公司 | 98 | 有 | 中国 |
| 13 | 芯鑫融资租赁（天津）有限责任公司 | 86 | 有 | 中国 |
| 14 | 永浪集团有限公司 | 77 | 无 | 中国 |
| 15 | 林文清 | 76 | 无 | 中国 |
| 16 | 江苏大学 | 51 | 有 | 中国 |
| 17 | 北京视博云科技有限公司 | 48 | 无 | 中国 |
| 18 | 九阳股份有限公司 | 41 | 无 | 中国 |
| 19 | 徐宇飞 | 40 | 有 | 中国 |
| 20 | 航天长征化学工程股份有限公司 | 38 | 有 | 中国 |

数据来源：知识产权出版社 i 智库。

数据时间：法律状态公告日为 2017 年 1 月 1 日至 2017 年 12 月 31 日。

2017 年中国专利实施许可被许可人 TOP20 如表 3 - 2 所示。中国专利实施许可被许可人均为设立在的中国企业，其中日立金属三环磁材（南通）有限公司、路博润添加剂（珠海）有限公司、PPG 涂料（天津）有限公司、PPG 涂料（张家港）有限公司和庞贝捷涂料（芜湖）有限公司具有外资背景，但是这五家公司均不涉及商业性许可，主要为母公司向子公司的许可。其余中国本土的公司中，13 家公司存在商业性许可行为，情况与 2016 年持平（2016 年 TOP20 中 13 家中国本土的公司存在商业性许可行为）。

排名第一的温州联科知识产权服务有限公司成立于 2017 年 1 月，根据网上披露的信息，[①] 公司主营业务为知识产权代理、专利产品开发、版权代理及转让服务；品牌推广、科技项目申报、商标代理；法律咨询服务、企业管理服务与咨询、企业形象策划；科技信息咨询；经济信息咨询；资产管理、投资管理及咨询（未经金融等监管部门批准，不得从事向公众融资存款、融资担保、代客理财等金融服务）；公共关系服务；计算机信息技术的开发、推广、咨询、转让服务、商务信息咨询；软件开发、信息系统集成服务、数据处理和储存服务。主要股东包括永浪集团、华夏游乐、奇特乐集团、凯奇集团等，其中奇特乐集团、凯奇集团和永浪集团均在 2017 年中国专利实施许可人排行 TOP20 中榜上有名。而分析温州联科知识产权服务有限公司的许可人可以看到，其专利被许可行为均来自上述四家公司。这一行为也直接促进了浙江省 2017 年专利实施许可活动数量的大幅上升。

表 3-2　2017 年中国专利实施许可被许可人排行 TOP20

| 排名 | 被许可人 | 许可次数 | 商业性许可 | 许可人国别 |
|:---:|:---:|:---:|:---:|:---:|
| 1 | 温州联科知识产权服务有限公司 | 422 | 无 | 中国 |
| 2 | 上海新索音乐有限公司 | 203 | 是 | 中国 |
| 3 | 日立金属三环磁材（南通）有限公司 | 180 | 无 | 中国 |
| 4 | 深圳市湘元科技有限公司 | 120 | 有 | 中国 |
| 5 | 路博润添加剂（珠海）有限公司 | 114 | 无 | 中国 |
| 6 | PPG 涂料（天津）有限公司 | 95 | 无 | 中国 |
| 6 | PPG 涂料（张家港）有限公司 | 95 | 无 | 中国 |
| 8 | 江苏长电科技股份有限公司 | 86 | 是 | 中国 |

---

① 企查查浙江省企业查. 温州联科知识产权服务有限公司. ［EB/OL］. ［2018 - 04 - 24］. https：//www.qichacha.com/firm_ 84922c9a9786e491cb6b0f0bc5ef3d4e.html.

续表

| 排名 | 被许可人 | 许可次数 | 商业性许可 | 许可人国别 |
|------|----------|----------|------------|------------|
| 9 | 广东三笑实业有限公司 | 76 | 无 | 中国 |
| 10 | 观致汽车有限公司 | 70 | 无 | 中国 |
| 11 | 庞贝捷涂料（芜湖）有限公司 | 57 | 无 | 中国 |
| 12 | 苏州市贝地龙新型材料有限公司 | 56 | 是 | 中国 |
| 12 | 安徽韩华建材科技股份有限公司 | 56 | 是 | 中国 |
| 14 | 常州市零点木业有限公司 | 54 | 是 | 中国 |
| 15 | 上海宇飞来星河科技有限公司 | 53 | 是 | 中国 |
| 15 | 海能达通信股份有限公司 | 53 | 是 | 中国 |
| 15 | 北京华信傲天网络技术有限公司 | 53 | 是 | 中国 |
| 15 | 北京烽火联拓科技有限公司 | 53 | 是 | 中国 |
| 15 | 北京比邻科技有限公司 | 53 | 是 | 中国 |
| 15 | 安吉天则塑业有限公司 | 53 | 是 | 中国 |
| 15 | 常州昇昌木业有限公司<br>江苏飞翔木业有限公司 | 53 | 是 | 中国 |

数据来源：知识产权出版社 i 智库。

数据时间：法律状态公告日为 2017 年 1 月 1 日至 2017 年 12 月 31 日。

# 第4章

## 2017 年中国专利质押分析

### 4.1 专利质押融资达 720 亿元，发明专利活跃程度进一步提升

国家知识产权局发布数据显示[1]：2017 年专利权质押融资额为 720 亿元人民币，同比增长 65.14% 。i 智库数据显示：2017 年中国专利权质押次数达到 16900 次（涉及 16601 件专利），比 2016 年提高了 55.05% 。涉及质押合同 3922 笔，与 2016 相比，也增长 57.07% ，保持了质押合同每年持续增长的态势。如图 4 – 1 所示。

近年来，专利质押融资工作稳步推进，在促进专利价值转化、完善中小微企业融资服务体系建设方面发挥了重要作用。从国家到地方，举国正在形成积极扩展专利质押融资的氛围，为促进科技成果转化保价护航。2017 年，国务院先后颁布《国务院关于强化实施创新驱动发展战略进一步推进大众创业万众创新深入发展的意见》和《国务院办公厅关于推广支持创新相关改革举措的通知》，要求"金融机构、地方政府等依法按市场化方式自主选择建立'贷款 + 保险保障 + 财政风险补偿'的专利权质押融资新模式，为中小企业专利贷款提供保证保险服务"。随后，国家知识产权局于2017 年 10 月颁布《关于抓紧落实专利质押融资有关工作的通知》（以下简称《通知》），从"加快扩大工作覆盖面"到"开展专利权质押登记试点"

---

[1] 中国知识产权网. 2017 年，全国实现专利质押融资总额 720 亿元，同比增长 65%. [EB/OL]. (2018 – 02 – 05)．[2018 – 04 – 24]．http://www.cnipr.com/sj/zx/201802/t20180205_224653.html.

等共计五项措施，对各省市、自治区知识产权质押融资工作提出了具体要求。根据《通知》的要求，"2017 年 11 月底前，辖区内各地区以年均 20%以上的增长目标制定全省推进专利质押融资工作方案（2018—2020）；2018年 6 月底前，辖区内 70% 以上的地市建立完善专利质押融资服务和促进机制……省知识产权局建立全省专利质押融资工作年度考核机制"。至此，专利质押融资工作正在向常态化长效化发展，广东省中山市、江苏省苏州市等城市的成功运营经验为专利质押融资工作的扩展树立了标杆，专利质押融资未来发展前景可期。

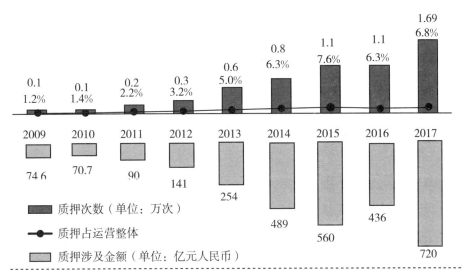

数据来源：质押次数来源于知识产权出版社 i 智库，质押金额来自于国家知识产权局。
数据时间：法律状态公告日截至 2017 年 12 月 31 日。

**图 4 - 1　中国专利质押次数变化趋势（2009—2017）**

从 2017 年专利权质押所涉及的专利类型来看：发明专利质押的活跃程度进一步提升，质押次数 6129 次，比 2016 年增长了 68.33%，占质押总体的 36.3%（比 2016 年提升了 3 个百分点）。不过总体来看，实用新型依然占主导，2017 年实用新型专利质押次数为 10063 次，占质押总次数的59.5%；外观质押次数为 708 次，占质押总次数的 4.2%。如图 4 - 2 所示。

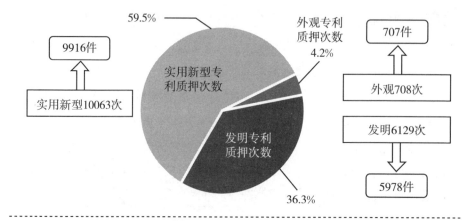

数据来源：知识产权出版社i智库。

数据时间：法律状态公告日为2017年1月1日至2017年12月31日。

**图4－2 2017年中国专利质押涉及专利类型占比情况**

## 4.2 政策利好因素显现，运营城市所在地区发力明显

从专利权质押合同登记数量来看，安徽省以477件居全国第一，较2016年同比增长295件，涨幅达到162.09%，创历史新高。2017年4月，安徽省政府印发《关于支持科技创新若干政策的通知》，"企业以专利权质押贷款方式融资额达到500万元及以上的，省一次性按贷款利息和专利评估费总额的50%予以补助，补助最高可达20万元"。除此之外，专利权质押贷款工作还被纳入了省"万千百十"重点工作实行目标任务考核。政策的引导，调动了各方主体参与专利质押融资工作的积极性，盘活专利资产，有效缓解了中小微型科技企业融资难问题。

2017年中国专利质押活跃地区TOP10中，共计质押登记合同数量3166份①，同比2016年的1867份，增长69.58%。在运营城市所在地区，山东省、陕西省、浙江省、江苏省、福建省、四川省和湖南省均在前十名中，上述所有省份出质人共计质押登记合同数量2084件，占比TOP10的

---

① 按出质人所在省份（市）统计。

65.82%，同比 2016 年排名前十的运营城市所在地区①质押登记合同总数增长 73.52%，发力明显。对比 2016 年专利质押活动活跃地区 TOP10 排名，湖南省为 2017 年新上榜省份。如表 4 - 1 所示。

表 4 - 1　2017 年中国专利质押质权人活跃地区 TOP10

| 2017 年中国专利质押活跃地区 TOP10 | | | | | |
|---|---|---|---|---|---|
| 排名 | 出质人所在省份（市） | 质押登记合同数量 | 排名 | 出质人所在省份（市） | 质押登记合同数量 |
| 1 | 安徽 | 477 | 1 | 安徽 | 472 |
| 2 | 山东 | 453 | 2 | 山东 | 452 |
| 3 | 陕西 | 438 | 3 | 陕西 | 440 |
| 4 | 浙江 | 403 | 4 | 广东 | 402 |
| 5 | 广东 | 385 | 5 | 浙江 | 390 |
| 6 | 江苏 | 318 | 6 | 江苏 | 306 |
| 7 | 北京 | 220 | 7 | 福建 | 221 |
| 8 | 福建 | 219 | 8 | 北京 | 218 |
| 9 | 四川 | 129 | 9 | 四川 | 127 |
| 10 | 湖南 | 124 | 10 | 湖南 | 122 |

数据来源：知识产权出版社 i 智库。

数据时间：法律状态公告日为 2017 年 1 月 1 日至 2017 年 12 月 31 日。

2017 年中国专利权质押活动共涉及 3389 名出质人。其中天津市贝斯特防爆电器有限公司以 18 个质押合同数排行首位，其他出质人全年的专利质押合同数量均未超过 10 个。从 TOP10 来看，除排名第三的河北晨阳工贸集团有限公司 12 个质押合同涉及了 7 个质权人外，其他出质人在进行专利质押时，均会选择 1—2 家作为合作的质权人。如表 4 - 2 所示。

---

① 2016 年中国专利活跃地区 TOP10 中涵盖的运营城市所在地区包括：山东、陕西、浙江、福建、江苏和四川，六省市共计登记质押合同书 1201 次。《2016 年中国专利运营状况研究报告》，i 智库。

表4-2　2017年中国专利质押出质人排行TOP10

| 排名 | 出质人 | 质押合同数 | 涉及专利件数 | 涉及质权人数量 |
|---|---|---|---|---|
| | 2017年中国专利质押出质人排行TOP10 | | | |
| 1 | 天津市贝斯特防爆电器有限公司 | 18 | 10 | 1 |
| 2 | 安徽中联九通机械设备有限公司 | 8 | 12 | 1 |
| 3 | 河北晨阳工贸集团有限公司 | 7 | 12 | 7 |
| 3 | 福建味家生活用品制造有限公司 | 7 | 8 | 2 |
| 3 | 烟台史密得机电设备制造有限公司 | 7 | 11 | 1 |
| 3 | 安徽伊法拉电力科技有限公司 | 7 | 7 | 1 |
| 3 | 江阴市富仁高科股份有限公司 | 7 | 7 | 1 |
| 8 | 福建杜氏木业有限公司 | 6 | 12 | 1 |
| 8 | 江苏和时利新材料股份有限公司 | 6 | 6 | 1 |
| 9 | 陕西昕宇表面工程有限公司 | 5 | 19 | 2 |
| 9 | 和龙双昊高新技术有限公司 | 5 | 9 | 2 |
| 9 | 贵州航宇科技发展股份有限公司 | 5 | 24 | 1 |
| 9 | 福建顺昌虹润精密仪器有限公司 | 5 | 5 | 1 |

数据来源：知识产权出版社i智库。

数据时间：法律状态公告日为2017年1月1日至2017年12月31日。

## 4.3 银行与非银行金融机构分庭抗礼，城市及农村商业银行作用愈加明显

2017年专利质押共涉及1469名质权人。从质权人类型上看，银行[①]作为质权人涉及的质押合同数占合同总量的55.1%，非银行金融机构占比为40.5%。银行仍是首选的专利权质押融资直接对接方。

具体到参与专利权质押贷款银行机构的细分来看，尽管五大国有商业

---

①　银行作为质权人的模式为直接质押融资模式，即专利权人以其合法、有效的专利权为质押标的物出资，经评估作价后从商业银行取得资金，并按期偿还资金本息的融资模式。

银行①及其分支机构以 689 个质押合同依然占据主要部分，但是城市及农村商业银行的实力也不容小觑。尤其是 2017 年城市商业银行的专利质押合同数几乎与五大行持平。如图 4-3 所示。

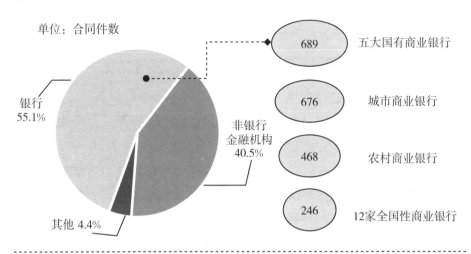

数据来源：知识产权出版社i智库。

数据时间：法律状态公告日为2017年1月1日至2017年12月31日。

**图 4-3　2017 年中国专利质押质权人类型分布**

而按照专利质押合同数量排行的 TOP10 质权人中，西安创新融资担保有限公司在 2017 年表现突出，以 254 个质押合同排名第一。其他质权人的年合同数均未超过 100。如表 4-3 所示。

西安创新融资担保有限公司成立于 2002 年 5 月，注册资本 4.1 亿元人民币，隶属于西安高新区管委会，是由西安高新区创业园发展中心、西安软件园发展中心、西安科技投资有限公司和陕西金融控股集团有限公司共同出资设立的国有担保公司。西安市科技局与该公司和银行合作伙伴共同搭建科技金融平台，主要面向西安市内科技型中小微企业提供贷款担保、票据承兑担保、贸易融资担保、项目融资担保、信用证担保业务及其他法律、法规许可的融资性担保业务。2017 年该融资担保公司作为质权人共计

---

① 五大国有商业银行：指中国工商银行、中国农业银行、中国建设银行、中国银行和交通银行。

质押合同书 254 份，排名第一。

　　排名第二的是深圳市高新投融资担保有限公司成立于 1994 年 12 月，是 20 世纪 90 年代初深圳市委、市政府为解决中小科技企业融资难问题而设立的专业金融服务机构。目前，深圳高新投注册资本 72.77 亿元，股东为深圳市投资控股有限公司、深圳远致富海三号投资企业（有限合伙）、深圳市财政金融服务中心、恒大集团有限公司、深圳市远致投资有限公司、深圳市海能达投资有限公司、深圳市中小企业服务署。深圳高新投核心业务为：融资担保、金融产品增信、保证担保、投资、资产管理等，为企业提供自初创期到成熟期的全方位投融资服务。

　　排名第三的是青岛高创科技融资担保有限公司。青岛市首家科技金融专营机构——青岛高创科技融资担保公司位居担保公司榜首，该公司由青岛市财政科技资金出资 1 亿元注册成立，重点为千万平方米科技孵化器、公共研发平台等科技基础条件设施建设和科技型中小企业创新发展提供融资担保服务，2017 年青岛高创科技融资担保公司参与专利质押合同数为 73 件。

　　值得一提的是，2017 年中国专利权质押质权人排行的前五位，均为融资担保公司。

表 4-3　2017 年中国专利质押质权人排行 TOP20

| 2017 年中国专利质押质权人排行 TOP10 | | | | |
|---|---|---|---|---|
| 排名 | 质权人 | 质押合同数 | 涉及专利件数 | 涉及出质人数量 |
| 1 | 西安创新融资担保有限公司 | 254 | 256 | 199 |
| 2 | 深圳市高新投融资担保有限公司 | 75 | 99 | 73 |
| 3 | 青岛高创科技融资担保有限公司 | 73 | 73 | 68 |
| 4 | 北京中技知识产权融资担保有限公司 | 49 | 127 | 42 |
| 5 | 西安投融资担保有限公司 | 47 | 77 | 36 |
| 6 | 广东南海农村商业银行股份有限公司科创支行 | 41 | 347 | 41 |
| 7 | 武汉农村商业银行股份有限公司光谷分行 | 30 | 163 | 28 |

续表

| 排名 | 质权人 | 质押合同数 | 涉及专利件数 | 涉及出质人数量 |
|---|---|---|---|---|
| 7 | 海门市科技创业园服务中心 | 30 | 30 | 29 |
| 9 | 北京中关村科技融资担保有限公司 | 28 | 79 | 27 |
| 10 | 杭州银行股份有限公司科技支行 | 27 | 27 | 27 |
| 10 | 南通市生产力促进中心 | 27 | 42 | 27 |

数据来源：知识产权出版社 i 智库。

数据时间：法律状态公告日为 2017 年 1 月 1 日至 2017 年 12 月 31 日。

**指　标　篇**

# 中国专利运营评价指标体系

◆ 第5章　专利运营评价指标体系构建基础

◆ 第6章　专利运营评价指标体系设计

◆ 第7章　专利运营指标信息搜集机制

◆ 第8章　专利运营绩效评价模型

# 第5章

## 专利运营评价指标体系构建基础

## 5.1 专利运营评价指标研究现状

近年来，在国家知识产权局及相关部门的部署下，专利运营工作初见成效，初步形成了"平台＋机构＋资本＋产业"四位一体的知识产权运营服务体系，但在推动专利运营工作上还存在较大的改进空间。

一是专利运营在中国开展的时间较短，尚属"新生事物"，学界对专利运营的内涵和外延也未予以明确定义，缺乏对专利运营体系的系统性研究，而专利运营参与主体众多、专利运营的模式日益丰富和多样、专利运营影响环境众多等也增加了系统性研究的困难，进而影响专利运营工作的推进效率。学术界，朱国军等[①]（2010）在《企业专利运营管理内涵及职能模块研究》指出专利运营管理是企业专利运营过程中有计划地组织、协调、控制的管理辅助活动总称。企业专利运营管理既是广义上的专利管理的重要组成部分，也是企业科学管理的重要组成部分，在企业管理中具有重要地位，贯穿于企业技术创新、产品开发、市场营销的全过程。郑伦幸、牛勇[②]（2013）在《江苏省专利运营发展的现实困境与行政对策》中指出：专利运营涵盖了专利技术申请、专利信息检索分析、专利风险投资、专利转让、

---

① 朱国军，徐永其，张宏远. 企业专利运营管理内涵及职能模块研究 [J]. 中国科技论坛，2010，8：81－85.

② 郑伦幸，牛勇. 江苏省专利运营发展的现实困境与行政对策 [J]. 南京理工大学学报（社会科学版），2013，26：58－64.

专利许可、专利诉讼等多项内容，因此它是一项系统工程。实务界，2014年4月22日，深圳市市场监督管理局发布《企业专利运营指南》，该《企业专利运营指南》将专利运营界定为"通过对专利或专利申请进行管理，促进专利技术的应用和转化，实现专利技术价值或者效能的活动"。

二是缺乏对专利运营相关评价指标的系统性研究。杨晨等①（2009）认为随着专利运营活动的日益复杂，传统的评价方法已经显现了一些弊端，诸如评价指标单一性、评价结果滞后性等。万小丽、朱雪忠②（2008）认为，专利价值兼有技术价值、市场价值和权利价值，并具有时效性、不确定性和模糊性，沿用无形资产的计价方法，即成本法、市场法和收益法，无法系统、科学、全面地评估专利价值。基于此，越来越多的学者开始尝试将平衡记分卡应用于专利运营绩效评价。平衡记分卡跨越财务和非财务维度，能够较准确全面地计量专利权价值，同时其包含财务、顾客、内部流程、学习与成长等四个方面的多层次结构，有利于评价专利运营各阶段、各环节的绩效情况。然而，陈海声等③（2011）认为平衡记分卡方法还存在一些局限性，比如，评价指标是定性与定量相结合，指标量化和评价过程受人的主观性影响，使获得的评价结果具有模糊性和不确定性。研析欧美等发达国家现行的评价体系可见，专利运营评价体系应具有综合性、系统性、前瞻性等特性。如美国知识产权咨询公司 CHI 首创的"专利记分牌"引用了技术生命周期、科学联系等指标，能较好地预测企业专利的未来绩效。日本特许厅公布的《知识产权管理评估指标》，从投入产出视角构建指标体系，该指标体系由战略性指标和定量性指标构成。国内目前针对专利分析指标、综合评价指标、专利质量评价指标、专利价值评价指标等的研究较多，但对于专门针对专利运营的评价指标缺乏完整系统的研究，无法

---

① 杨晨，周泉，朱国军. 基于 BSC 方法的专利运营绩效评价研究［J］. 科技进步与对策，2009，2：101 – 103.

② 万小丽，朱雪忠. 专利价值的评估指标体系及模糊综合评价［J］. 科研管理，2008，2：185 – 191.

③ 陈海声，周栀，李振中. 基于 AHP 和 FUZZY 的专利运营绩效综合评价研究［J］. 科技管理研究，2011，4：149 – 152.

对专利运营的效果作出科学评价，政府主管部门无法对专利运营工作的成效进行科学的评价和监测，不利于政府充分发挥其管理、监督、政策引导的作用。

三是与专利运营相关的数据较分散，并且许多数据可能未列入政府、企事业单位的统计管理中，数据收集难度大，未建立起专利运营相关数据收集机制，而专利运营相关数据对提升运营效率、指导运营实施具有重要意义。要进行专利运营首先需要对专利相关的技术、法律、市场信息等整体情况有一个充分的了解，包括专利资产的权利人及实施企业基本情况，专利证书、最近一期的专利缴费凭证、专利登记簿副本，专利权利要求书、专利说明书及其附图，专利技术的研发历史、技术实验报告，专利资产所属技术领域的发展状况、技术水平、技术成熟度、同类技术竞争状况、技术更新速度、技术产品检测报告，产品的适用范围、专利产品市场需求、发展前景及经济寿命、与专利产品相关行业政策及发展状况、本行业技术和产品的竞争状况，特殊行业所需要的行业准入证明，专利资产的获利能力，可能影响专利资产价值的宏观经济前景和以往的评估和交易情况，包括专利权转让合同、实施许可合同以及其他交易情况等的资料。除此之外，还需要法律领域的复审无效数据、法律诉讼数据、行政执法数据等，经济领域的专利质押融资数据、专利转让许可数据、企业工商登记数据、营业收入数据、投融资数据、税收数据、IPO 数据、海关统计数据等，以及相关的专利法律法规、政策。但在现有的检索系统中以上数据、法律法规、政策存在缺失、不规范、查询不便等问题，导致专利运营工作难以高效开展。

## 5.2 专利运营的影响因素分析

专利运营不仅仅是专利运用或者专利转化，而是专利作为产品在市场上流通的整个过程，就专利运营体系本身而言，它是一个复杂的系统，在运营过程中，受到外部环境，如专利制度、政策法规、经济水平、技术环境和社会文化等的影响。

### 5.2.1 经济水平

发展中国家往往以粗放型经济为主，即以传统工业为主，主要是资本密集型行业，依靠廉价的劳动力和原材料来发展经济。根据投入产出理论分析，一般通过两个途径可以增长经济总量，一个是增加投入，一个是依靠科技进步提高效率和质量。而现在，随着经济的逐步发展，发展中国家渐渐意识到发展经济需要质的提高，即新兴产业、高新技术产业才是朝阳产业，才能成为经济发展的强大动力。因此，我国政府提出，要将经济增长方式从以依赖资本投入为基础的粗放型方式转变到以科技进步为基础的集约型方式上来。

专利是商品经济发展而来的产物，随着时代的变革、社会的发展，专利越来越普遍，更准确地说专利是由资源发展到能力最终形成竞争力的一部分，它是一定阶段的衍生产品。另外，随着知识经济时代的发展，知识的作用和地位越来越重要，而知识的经济属性就是人们投入物质、时间、精力来获取使用和传播知识带来的经济收益。专利运营绩效本质上是经济收益的一种体现，人们追求的不仅仅是发明创造，还有通过专利资源获得收益，通过专利运用转化来实现价值追求，专利质押融资、转让和许可可以带来直接的经济收益。专利交易近年来的发展不容小觑，交易额度也在大幅增长。

### 5.2.2 专利制度和政策促进

专利制度是国家制定专利法，通过专利相关法律、行政和经济等多重手段，鼓励专利发明，保护专利成果，推动专利运用等，达到强化技术创新、促进经济发展的目的。专利制度目的是激励技术创新，将一定时期和范围内的独占权给予发明创新者，促使发明者积极地发明创造，并且合理地配置创新资源，推动专利技术产品化和产业化，同时保护创新成果，建立市场竞争导向的稳定有序的法律环境。

近年来，国家重大政策越来越多地关注到专利运营相关内容。"863计划"是我国的一项高技术发展计划，它所取得的成就对于提升我国自主创新能力、提高国家综合实力等发挥了重要作用。"火炬计划"培养和吸引了一批高素质的人才，他们是实现高新技术成果商品化、产业化、国际化的根本保证。"国家重点新产品计划"在"十五"期间以"扶持重点、营造环境"为指导思想，通过政策性引导和扶持，促进新产品开发和科技成果转化及产业化。《促进科技成果转化法》的出台为科技成果转化为技术标准起到了很好的规范和指导作用。《关于修改〈国家科学技术奖励条例实施细则〉的决定》增加了促进科技成果转化方面的规定，加大了转化工作的力度。《关于促进企业技术进步有关财务税收问题的通知》鼓励企业对技术开发的投资，促进了企业之间的技术联合开发，加速了企业对技术成果的商品化和产业化，同时增加了财政对技术进步的投入。《关于加强战略性新兴产业知识产权工作的若干意见》提出，支持知识产权质押、出资入股、融资担保，探索与知识产权相关的股权债权融资方式，支持社会资本通过市场化方式设立以知识产权投资基金、集合信托基金、融资担保基金等为基础的投融资平台和工具，设立国家引导基金，培育知识产权运营机构等。《深入实施国家知识产权战略行动计划（2014—2020 年）》提出，加强专利协同运用，推动专利联盟建设，建立具有产业特色的全国专利运营和产业化服务平台，建立运行高效、支撑有力的专利导航产业工作机制等。《关于新形势下加强知识产权强国建设的若干意见》提出，严格知识产权保护、促进知识产权创造和运用，加快建设全国知识产权运营公共服务平台等。《"十三五"国家知识产权保护和运用规划》提出加强知识产权交易运营体系建设、完善知识产权运营公共服务平台、创新知识产权金融服务、加强知识产权协同运用等任务。

我国有关专利运营的法律政策体现了国家对专利运营的重视，体现了我国政府的引导作用。

### 5.2.3　知识产权文化氛围

社会公众的知识产权意识，包括对知识产权的认知程度和知识产权的保护意识，是专利运营的文化基础。社会环境的不同造就文化背景的不同，影响着人们的购买偏好和消费习惯，因而影响包含专利的商品的运营形式。不断变化的社会因素要求专利产品需要不断变化，从而考验专利运营能力。

不同于制度，知识产权文化是升华了的知识产权制度，不再是从硬性方面去规定限制，而是从软性方面去协调和平衡，是对知识产权制度的文化补充，具有引导和匡扶作用。培养知识产权文化氛围能够更加有利于知识产权制度的实施，推行知识产权本土化还能使公民更好地理解知识产权，能够培养起知识产权法律价值观，这对于知识产权制度建设具有重要意义。专利作为知识产权的一部分，创造良好的知识产权文化氛围，也即是对专利文化氛围的建设。知识产权文化，特别是知识产权保护意识的高低能够直接影响到专利运营能力的强弱。根据 2017 年 6 月国家知识产权局知识产权发展研究中心发布的《2016 年中国知识产权发展状况评价报告》①，2015 年，我国知识产权文化环境得分比 2014 年提高了 7.78 分，同比增长 27.64%，知识产权文化环境与前些年相比有很大程度的改善。良好的知识产权文化氛围将有利于创造良好的创新文化环境，逐渐形成"尊重知识产权，以创新精神为荣"的潜在价值观，并转化成每个社会个体的基本道德准则，能够激励人们对专利的创造和运用。

### 5.2.4 技术因素

技术属性体现为专利运营的对象是具有技术性的且以专利形态体现的创新成果，一切专利运营活动都围绕着创新技术成果展开，创新技术成果是专利运营的核心。专利运营通过专利许可、专利交易、专利诉讼等市场化运作手段以最大化实现专利价值，这就要求专利必须具有价值，而专利价值首先应当体现在其内在的权利稳定性上，不存在不满足法定授权条件的瑕疵，任何无法经受法定授权条件考验的专利都不具备专利运营的价值。专利的稳定性不仅决定了运营专利的竞争力，而且还在一定程度上决定了

---

① 国家知识产权局知识产权发展研究中心. 2016 年中国知识产权发展状况评价报告［R/OL］. http：//www. sipo – ipdrc. org. cn/article. aspx？id = 427.

运营成本和潜在收益以及运营模式的选择等。

专利运营是一种市场化行为，这就要求其必须以市场需求为导向对专利进行市场化运作。因此，进行专利运营的专利应当是符合市场需求的专利，只有能够满足市场的需求，其在市场中才能实现市场价值，即运营的专利应当具有可市场化能力。具有市场价值的专利至少包括以下几种类型。(1) 标准必要专利（SEP, Standard Essential Patent）。这类专利表现为其所要求保护的技术方案被某项强制性标准（如 ETSI）采纳，由于强制性标准具有市场准入和普遍适用的属性，因此标准必要专利与生俱来就被强制市场化，是市场化程度最高、范围最广且最具有市场价值的专利，这类专利往往是专利交易、专利许可、专利诉讼等专利运营实践中最受青睐的一类资产。(2) 已被产品商用化专利。这类专利体现为其所保护的技术方案被市场化的产品采纳，即其技术方案被市场化实施，这类专利虽然市场化范围和强度不及标准必要专利，但由于其被市场化的产品采纳，仍具有一定的市场价值。(3) 具有市场化前景的专利。这类专利既非标准必要专利，又没有被实际商用化，不具有现实的使用价值，但是其将来有可能会被市场选中，从而具有可期待的市场价值。一般而言，专利的市场价值与其市场化程度和范围存在一定的正相关性，专利的市场化程度越高、范围越广，则专利的市场价值也就越高。所以，标准必要专利（SEP）、事实标准必要专利（de facto SEP）、基础专利往往专利运营价值最高。另外，专利技术的组合优势包括规模优势及多样化优势，通过组合专利形成的超级专利可带来规模优势。专利数量的累积可以增加运营者的市场运营资本、商业谈判筹码，增加收益的机会，同时，更有利于形成技术标准，构建专利池或专利联盟。

# 第 *6* 章
# 专利运营评价指标体系设计

## 6.1 专利运营评价指标体系构建原则

专利运营评价指标体系的构建，应该遵照下面几个基本原则。

### 6.1.1 系统性原则

需要把专利运营看作一个有机的整体，强调各指标之间相互的有机联系，从整体的角度先考虑体系的影响因素，并且尽可能从多方面、多层次、多角度去概括和描述专利运营绩效。

### 6.1.2 可比性原则

指标在选取时，要求指标之间可以进行两两比较，即横向性比较，而且指标的选取应需具有一定的规范性和延续性，尽可能向已存在的相对规范的指标靠拢。

### 6.1.3 层次性原则

指标在选取时，还应该具有一定的概括性和层次性，从评价对象的总体考虑，先概括到具体的原则，将对象细化为若干准则，根据需要，还应分出一些子准则，最后是确定指标明细。

### 6.1.4 定量分析与定性分析结合

定量指标的特点是具体、直观，容易制定明确的评价标准，不易产生分歧误解，有利于评估的科学化。专利运营工作是一个长期的复杂过程，其成效的显示也是一个复合系统，不是所有指标都能量化，所以必须设置一定数量的定性指标来反映某个方面的工作情况。因此只有在指标体系中把定量指标和定性指标有机结合，才能使评价结果更具科学性。

### 6.1.5　可操作性原则

一方面是要考量指标数据的可获取性，尽量使用可以通过查阅资料、发放问卷、实地访谈等形式采集到的可靠的指标数据，从而避免评价主体在被评价时所存在的主观随意性；另一方面是精简指标体系，控制指标体系的规模，以免形成庞大的指标群或者层次过于复杂的指标体系。

任何评价指标都是为了实际运用，解决现实中的问题，专利运营评价指标也不例外。专利运营工作非常复杂，要对这项工作进行评价，就必须选择、采用一些在现实中容易操作、简便易行的指标。首先，评价指标体系所包含的指标不能太多，这样会导致评价工作变成一个沉重的负担，耗时费力，而且指标太多会导致指标值之间的重叠或冲突。其次，确定的定量指标所需要的大部分数据能够较容易地搜集到，特别是可以通过一些权威的公共平台或来源（如国家知识产权局的年度报告及网站、一些影响较大的社会组织提供的统计数据或报告、相关省市的政府主管部门的年度报告或统计数据、国家和地方统计部门的年度报告等）能够获得这些直接数据或间接数据，或至少可以通过一些简单的调查便能采集到较可靠的数据。所确定的定性指标能够从一个地方一些具有显著特征的工作或标志性工作成果中体现出来。最后，在指标所涉及的数据搜集到之后，采用较为简单的方法便可对一个地方的专利运营工作情况进行评价。

## 6.2　专利运营评价指标体系构造

### 6.2.1　总体说明

当前，环境因素对专利运营活动的开展开始产生越来越显著的影响。

专利运营现象伴随着专利制度建立即产生，但专利运营的模式、作用受到国家经济水平、科技发展、政策环境的影响。总体来说，随着经济的发展和技术的进步，运营主体更加专业，运营方式更加复杂，专利运营在企业发展中的作用进一步增强，专利对经济发展的贡献度和支撑度进一步显现。

管理学中的 PEST 分析是针对宏观环境的分析，宏观环境又称一般环境，是指一切影响行业和企业的宏观因素。对宏观环境因素作分析，不同行业和企业根据自身特点和经营需要，分析的具体内容会有差异，但一般都应对政策（Political）、经济（Economic）、社会（Social）和技术（Technological）这四大类影响企业或行业的主要外部环境因素进行分析。在分析一个行业或企业集团所处的背景的时候，通常是通过这四个因素来进行分析企业集团所面临的状况。

进行 PEST 分析需要掌握大量的、充分的相关研究资料，并且对所分析的行业或企业有着深刻的认识，否则，此种分析很难进行下去。经济方面主要内容有经济发展水平、规模、增长率、政府收支、通货膨胀率等。政治方面有政治制度、政府政策、国家的产业政策、相关法律及法规等。社会方面有人口、价值观念、道德水平等。技术方面有高新技术、工艺技术和基础研究的突破性进展等。

基于 5.2 节中的分析，借鉴 PEST 分析方法，本书的全国专利运营状况评价指标体系（PETS）主要从政策、经济、技术和社会四个方面来对全国专利运营状况进行监测评价。

专利运营状况评价指标总分为 100 分，包括政策、经济、技术和社会共 4 个一级指标、11 个二级指标和 29 个三级指标。4 个一级指标所占权重分别为，政策 16 分，经济 41 分，技术 22 分，社会 21 分。权重分配遵循等权重与专家打分相结合的原则设计。

1. 政策

反映宏观政策环境对专利运营活动的引导作用，包括 3 个二级指标、3 个三级指标。

（1）政策法规规划（专利运营政策法规规划指数）。

（2）财政经费（专利运营财政经费指数）。

（3）专项机构设置（政府专项机构建设指数）。

2. 经济

反映开展专利运营活动所产生的经济价值和经济效果，包括2个二级指标、8个三级指标。

（4）专利运营规模（①运营次数指数、②运营机构指数、③运营权利人数量、④质权人指数、⑤合同数指数）。

（5）专利运营效益（⑥专利转让金额指数、⑦专利许可金额指数、⑧专利质押金额）。

3. 技术

反映专利运营活动中技术资源的综合运用水平，包括3个二级指标、9个三级指标。

（6）基础（①运营专利基础数量、②进入产业化阶段有效专利比例、③高技术产业每件有效发明专利实现新产品销售收入）。

（7）产业（④产业跨度、⑤重点产业比重、⑥产业专利/知识产权联盟指数）。

（8）重点（⑦标准必要专利数、⑧高价值专利数、⑨中国专利奖获奖指数）。

4. 社会

反映专利运营活动开展所依赖的社会环境的影响力，包括3个二级指标、9个三级指标。

（9）专利运营人才（①专利运营从业人员数量、②专利运营从业人员学历）。

（10）专利运营环境（③运营基金指数、④试点地区指数、⑤试点机构数、⑥专利运营公共服务平台指数、⑦专利保护环境指数）。

（11）专利运营意识（⑧专利运营培训指数、⑨专利运营研究指数）。

## 6.2.2 指标体系框架

基于以上分析，本书构建了一套包含 4 项一级指标、11 项二级指标和 29 项三级指标的专利运营状况评价体系，评价体系的整体框架如表 6-1 所示。

表 6-1　全国专利运营状况评价指标体系（PETS）

| 一级指标 | 二级指标 | 三级指标 | 权数 100 分 |
|---|---|---|---|
| 政策 P（16 分） | 政策法规规划 | 专利运营政策法规规划指数（分） | 6 |
| | 财政经费 | 专利运营财政经费指数（分） | 7 |
| | 专项机构设置 | 政府专项机构建设指数（分） | 3 |
| 经济 E（41 分） | 专利运营规模 | 运营次数指数（分） | 7 |
| | | 运营机构指数（分） | 3 |
| | | 运营权利人数量（个） | 3 |
| | | 质权人指数（分） | 2 |
| | | 合同数指数（分） | 5 |
| | 专利运营效益 | 专利转让金额指数（分） | 7 |
| | | 专利许可金额指数（分） | 7 |
| | | 专利质押金额（亿元） | 7 |
| 技术 T（22 分） | 基础 | 运营专利基础数量（件） | 2 |
| | | 进入产业化阶段有效专利比例（%） | 1 |
| | | 高技术产业每件有效发明专利实现新产品销售收入（万元/件） | 1 |
| | 产业 | 产业跨度（个） | 3 |
| | | 重点产业比重（%） | 3 |
| | | 产业专利/知识产权联盟指数（分） | 5 |
| | 重点 | 标准必要专利数（件） | 3 |
| | | 高价值专利数（件） | 2 |
| | | 中国专利奖获奖指数（分） | 2 |

续表

| 一级指标 | 二级指标 | 三级指标 | 权数100分 |
|---|---|---|---|
| 社会S<br>（21分） | 专利运营人才 | 专利运营从业人员数量（个） | 3 |
| | | 专利运营从业人员学历（%） | 3 |
| | 专利运营环境 | 运营基金指数（分） | 3 |
| | | 试点地区指数（分） | 2 |
| | | 试点机构数（家） | 2 |
| | | 专利运营公共服务平台指数（分） | 2 |
| | | 专利保护环境指数（分） | 2 |
| | 专利运营意识 | 专利运营培训指数（分） | 3 |
| | | 专利运营研究指数（分） | 1 |

### 6.2.3　指标说明

1. 专利运营政策法规规划指数（分）

表征专利运营政策法规环境建设情况，截至当年年末，国务院、国家知识产权局、各省区市政府、副省级城市政府、计划单列市政府和省区市级其他机构（如省区市知识产权局、发改委等部门）、地级市政府发布的现行有效的专利运营政策法规规划数量得分。

2. 专利运营财政经费指数（分）

表征政府对专利运营工作的经费投入力度。

专利运营财政经费指数 = 财政经费绝对值得分 × 40% + 知识产权质押融资风险补偿基金绝对值得分 × 30% + 财政经费增长率得分 × 30%（若增长率为负，则该项不得分）。

3. 政府专项机构建设指数（分）

表征专利运营行政管理机构建设情况，统计各省局、地市局建设情况。

政府专项机构设置指数 = 省局专项机构设置得分 × 60% + 地市局专项机构设置得分 × 40%。

其中：专项机构设置得分 = 专门机构数量得分（包括工作组、领导小组办公室等）×60% + 兼管机构数量得分×40%，无机构设置该项不得分。

4. 运营次数指数（分）

表征专利运营总体规模情况，包括专利权或专利申请权的转移次数、专利实施许可合同备案的生效次数以及专利权质押合同登记的生效次数（基于法律状态数据），由于专利权（专利申请权）可能被多次许可、转移、质押，因此运营次数不等同于专利件数。

运营次数指数 = 转让次数指数 + 许可次数指数 + 专利质押次数指数。

其中：转让次数指数 = 专利权或专利申请权的转让次数得分×80% + 单件专利转让次数得分×20%；许可次数指数 = 专利实施许可合同备案的生效次数得分×80% + 单件专利实施许可合同备案的生效次数得分×20%；专利质押次数指数 = 专利权质押合同登记的生效次数得分×80% + 单件专利权质押合同登记的生效次数得分×20%。

5. 运营机构指数（分）

表征运营机构专利运营规模情况，基于专利运营数据进行统计。

运营机构指数 = 运营机构数量得分×50% + 运营机构运营专利次数全国占比得分×50%。

6. 运营权利人数量（个）

表征参与专利运营的权利人规模情况。

运营权利人数量 = 转让权利人数量 + 许可权利人数量 + 出质人数量。

其中：转让权利人数量 = 转让前后权利人合并去重后数量；许可权利人数量 = 许可前后权利人合并去重后数量。

7. 质权人指数（分）

表征参与专利权质押的质权人规模情况。

质权人指数 = 质权人数量得分×70% + 质权人类型得分×30%。

8. 合同数指数（分）

表征参与专利运营（转让、许可、质押）的合同规模情况。

合同数指数 = 转让合同数指数 + 许可合同数指数 + 质押合同数指数。

其中：转让合同数指数＝转让合同数量得分×70% ＋单笔转让合同涉及专利数量得分×30% ；许可合同数指数＝许可合同数量得分×70% ＋单笔许可合同涉及专利数量得分×30% ；质押合同数指数＝质押合同数量得分×70% ＋单笔质押合同涉及专利数量得分×30% 。

9. 专利转让金额指数（分）

表征专利申请权与专利权转让的货币化情况。由①转让金额、②商业化程度（TOP100 商业化占比）这两个指标数据标准化后加权所得，其权重分别为 80% 、20% 。

10. 专利许可金额指数（分）

表征专利申请权与专利权实施许可的货币化情况。由①许可金额、②商业化程度（TOP100 商业化占比）这两个指标数据标准化后加权所得，其权重分别为 80% 、20% 。

11. 专利质押金额（亿元）

表征专利权质押融资的货币化情况，即专利权质押金额。

12. 运营专利基础数量（件）

表征可进行运营专利/申请的数量，包括有效专利数量与在审专利申请数量。

运营专利基础＝有效专利数量×70% ＋在审专利数量×30% 。

其中：有效专利数量＝有效发明数量×50% ＋有效实用新型数量×30% ＋有效外观设计数量×20% 。

13. 进入产业化阶段有效专利比例（%）

表征专利产业化情况。实际是指截至上一年度末有效专利进入产业化阶段的比例。

14. 高技术产业每件有效发明专利实现新产品销售收入（万元/件）

反映与专利技术紧密相关的高技术产业专利运用水平。

高技术产业每件有效发明专利实现新产品销售收入＝高技术产业实现新产品销售收入/高技术产业有效发明专利数。

15. 产业跨度（个）

表征已开展专利运营产业数量多少，产业数量多则跨度大，否则跨度小。专利运营产业数量以专利涉及 IPC 大类数量来统计，产业数量 = IPC 大类数/1.5（IPC 大类一共是 126 个，国民经济产业是 80 个，平均一个产业是 1.5 个 IPC 大类）。

16. 重点产业比重（%）

表征已开展专利运营的产业与重点产业的关联程度，以专利涉及的 IPC 大类来统计，即 TOP50 的 IPC 所涉及重点产业的占比，重点产业以战略性新兴产业等产业引导政策界定。

17. 产业专利/知识产权联盟指数（分）

表征专利协同运用情况，包括产业专利/知识产权联盟数量、企业数量及专利池规模。

产业专利/知识产权联盟指数 = 产业专利/知识产权联盟数量得分 × 30% + 企业数量得分 × 30% + 专利池规模得分 × 40%。

18. 标准必要专利数（件）

表征可开展专利运营的技术标准情况，以标准必要专利的数量来统计。

19. 高价值专利数（件）

表征可开展专利运营的重点技术情况。高价值专利用价值评估系统来评估，以平均分以上的专利数量来计算得分。

平均分以上的专利数量 = 平均分以上的有效专利数量 × 70% + 平均分以上的在审专利申请数量 × 30%。

20. 中国专利奖获奖指数（分）

表征可开展专利运营的优秀专利技术运用的水平。

中国专利奖获奖指数 = 年度中国专利金奖数量 × 5 + 年度中国专利优秀奖数量 × 1。

其中，年度中国专利金奖包括中国专利金奖和中国外观设计金奖，年度中国专利优秀奖包括中国专利优秀奖和中国外观设计优秀奖。

21. 专利运营从业人员数量（个）

表征专利运营服务的能力，当年专利运营从业人员数量是指截至该年年底专利运营机构从业人员数量。

22. 专利运营从业人员学历（％）

表征专利运营服务人员的学历层次，指截至该年年底专利运营机构中从业人员拥有本科及以上学历的比重。专利运营机构定义见《关于开展全国专利运营产业发展状况摸底调查的通知》。

23. 运营基金指数（分）

表征专利运营基金的发展情况。由①基金数量、②基金规模这2个指标数据标准化后加权所得，其权重分别为50％、50％。运营基金包括由政府资金引导、社会资本参与的运营基金和主要由企业出资主导的市场化运营基金。

24. 试点地区指数（分）

表征专利运营的试点地区工作水平，试点地区类型包括知识产权运营服务体系建设重点城市、知识产权质押融资工作试点、知识产权质押融资工作示范。

试点地区指数 = 知识产权质押融资工作试点（数量）得分×30％ + 知识产权质押融资工作示范（数量）得分×35％ + 知识产权运营服务体系建设重点城市（数量）得分×35％。

25. 试点机构数（家）

表征专利运营的试点企业工作水平，指截至该年年底国家专利运营试点企业数量，包括"生产型试点企业"和"服务型试点企业"。

26. 专利运营公共服务平台指数（分）

表征专利运营公共服务水平，指截至该年年底专利运营公共服务平台（线上）数量，包括全国性和省级服务平台。全国性、省级专利运营公共服务平台每个得5分、2分。

27. 专利保护环境指数（分）

表征专利司法保护和行政保护的环境，包括专利侵权诉讼和专利行政执法数据。

专利侵权诉讼数据援引《二〇一六年中国知识产权保护状况》白皮书相关数据结果。采用数据包括全国地方人民法院新收专利民事一审案件数量和全国地方人民法院共新收专利行政一审案件数量。

专利行政执法数据援引《二〇一六年中国知识产权保护状况》白皮书相关数据结果。采用数据为全年专利行政执法办案总量。

28. 专利运营培训指数（分）

表征专利运营培训服务的开展情况，包括国家知识产权局和各省、自治区、直辖市知识产权局主办的专利运营培训服务。

专利运营培训指数 = 国家知识产权局主办的专利运营培训人次得分 × 60% + 各省、自治区、直辖市知识产权局主办的专利运营培训人次得分 × 40%。

29. 专利运营研究指数（分）

表征专利运营的学术研究情况，采用数据为中国学术期刊数量（增量）和中国学位论文数量（增量）。

专利运营研究指数 = 中国学术期刊得分（数量得分 + 增量得分）× 50% + 中国学位论文得分（数量得分 + 增量得分）× 50%。

# 第 7 章

# 专利运营指标信息搜集机制

## 7.1 信息搜集渠道

### 7.1.1 公开统计数据

公开统计数据搜集的优势是容易获取、成本较低、收集时间较短，主要考虑国家知识产权局发布的年度报告、国家和地方统计部门的年度报告、一些影响较大的社会组织提供的统计数据或报告，使用公开统计数据要注意其时效性的问题。经济与社会中的部分指标来自于《中国高技术产业年鉴》、《中国知识产权保护状况》白皮书、《专利统计年报》等公开统计资料。

### 7.1.2 专利公开数据中的运营数据

国家知识产权局对每一件授予专利权的发明创造，从授予专利权起建立专利登记簿。专利登记簿登记专利权的授予，专利申请权、专利权的转移，专利权的无效宣告，专利权的终止，专利权的恢复，专利权的质押、保全及其解除，专利实施许可合同的备案，专利实施的强制许可及专利权人的姓名或者名称、国籍、地址的变更情况。基于中国专利法律状态数据中所发生"专利权转移"、"专利实施许可合同备案的生效"以及"专利权质押合同登记的生效"可提取中国专利运营数据，这部分运营数据具体包括转让数据（转让次数、转让双方）、许可数据（许可次数、许可双方）、质押数据（质押次数、质押双方），其中许可数据为已备案许可数据，未备案许可数据未包括在内。根据项目需要可对相关数据进行加工，专利运营规模中的相关指标数据可通过这部分运营数据获得。

### 7.1.3 部门行政记录

行政记录是指政府行政部门在行使其监督、管理和服务等职能过程中对事物及其变化所做的文字描述和记载。2011年4月，国家统计局《"十二五"时期统计发展和改革规划纲要》中指出，加大行政记录在统计工作中的应用，强化部门行政记录信息的整合，促进行政记录向统计信息的有效转换。行政记录被广泛地应用于统计调查中，比如GDP核算、评估指标匹配性与经济分析。使用行政记录，既可以提高统计数据的质量，又能简化统计调查的内容，更好地节约统计调查成本。加大行政记录的运用，已经是政府统计发展的新趋势，并将成为政府统计改革的重要部分，是不断完善统计调查的方法，提高我国统计科学性的重要内容。涉及专利质押（金额、合同数等）、许可以及试点地区、试点机构、中国专利奖、产业专利联盟等指标，数据来自于国家知识产权局的行政记录。

### 7.1.4 专利调查数据

自2008年以来，国家知识产权局已连续9年组织开展年度全国专利调查工作。调查内容涵盖专利创造、运用、保护、管理和服务等方面，获取了大量的第一手数据。为充分利用调查成果，体现国家知识产权局工作成效，专利调查数据将会按年度对外公开，为政府决策和政策研究提供更好的数据服务。进入产业化阶段的有效专利比例指标数据可通过国家知识产权局组织的年度专利调查工作获得。

### 7.1.5 地方报送数据

近年来，全国知识产权局系统的政务信息工作在国家及地方各级知识产权局的共同努力下，取得了较大进展，信息报送的数量和质量逐年提高，被上级领导机关和有关部门采用的信息也不断增加。涉及专利运营财政经费、政府专项机构设置、专利转让金额、标准必要专利、专利运营人才等指标，需要全国31个省（区、市）知识产权相关部门报送数据。

### 7.1.6 专业数据库和分析工具

适时使用专业数据库可以大大提高信息搜集的效率，尤其是有些数据的采集需要比较强的专业性或时间积累。专利运营政策法规规划相关指标数据可通过北大法宝法律检索系统、全国专利事业发展战略政策库获得。高价值专利相关指标数据可通过专利价值评估系统（P2I)① 获得。

### 7.1.7 网络调查

网络调查是获得一手资料的重要调查手段，可以充分利用互联网作为信息沟通渠道的开放性、自由性、广泛性和直接性等特性，因此网络调查具备及时性、便捷性、低费用和可检验性等优势。涉及运营基金、专利运营研究等指标，可通过网络调查或数据库检索（如中国知网）的方式获得，网络调查也可以作为部分指标的数据获取补充渠道（如专利运营政策法规规划）。

**表 7-1　全国专利运营状况评价指标体系（PETS）数据来源**

| 一级指标 | 二级指标 | 三级指标 | 数据来源 |
|---|---|---|---|
| 政策 P<br>（16 分） | 政策法规规划 | 专利运营政策法规规划指数（分） | 地方上报<br>全国专利事业发展战略政策库、北大法宝法律检索系统 |
| | 财政经费 | 专利运营财政经费指数（分） | 地方上报 |
| | 专项机构设置 | 政府专项机构建设指数（分） | 地方上报 |

---

① 专利价值评估系统（P2I）是知识产权出版社有限责任公司推出的一款对中国专利价值进行智能化评估的在线系统，其针对中国专利的特点，从专利稳定性、专利保护范围、专利技术应用性、专利技术质量等四个方面进行综合评估。

续表

| 一级指标 | 二级指标 | 三级指标 | 数据来源 |
|---|---|---|---|
| 经济 E（41分） | 专利运营规模 | 运营次数指数（分） | 统计分析 |
| | | 运营机构指数（分） | 统计分析 |
| | | 运营权利人数量（个） | 统计分析 |
| | | 质权人指数（分） | 统计分析 |
| | | 合同数指数（分） | 转让合同数（地方上报）许可合同数（地方上报（如不掌握，需要基层填报，地方上报可获取未备案信息）、统计分析（备案信息））质押合同数（统计分析） |
| | 专利运营效益 | 专利转让金额指数（分） | 地方上报（如不掌握，需要基层填报）、统计分析 |
| | | 专利许可金额指数（分） | 国家知识产权局专利局初审及流程管理部、地方上报（如不掌握，需要基层填报，地方上报可获取未备案信息）、统计分析 |
| | | 专利质押金额（亿元） | 初审部 |
| 技术 T（22分） | 基础 | 运营专利基础数量（件） | 专利统计年报（有效专利数据）、统计分析 |
| | | 进入产业化阶段有效专利比例（%） | 专利调查 |
| | | 高技术产业每件有效发明专利实现新产品销售收入（万元/件） | 《中国高技术产业统计年鉴》 |
| | 产业 | 产业跨度（个） | 统计分析 |
| | | 重点产业比重（%） | 统计分析 |
| | | 产业专利/知识产权联盟指数（分） | 地方上报（如不掌握，需要基层填报）、国家知识产权局专利管理司（备案在册） |
| | 重点 | 标准必要专利数（件） | 地方上报（如不掌握需要基层填报）、国家标准化管理委员会 |
| | | 高价值专利数（件） | 专利价值评估系统 |
| | | 中国专利奖获奖指数（分） | 国家知识产权局专利管理司 |

续表

| 一级指标 | 二级指标 | 三级指标 | 数据来源 |
|---|---|---|---|
| 社会S<br>（21分） | 专利运营人才 | 专利运营从业人员数量（个） | 地方上报（如不掌握，需要基层填报，或直接由已备案运营机构上报） |
| | | 专利运营从业人员学历（%） | 地方上报（如不掌握，需要基层填报，或直接由已备案运营机构上报） |
| | 专利运营环境 | 运营基金指数（分） | 网络调查、地方上报 |
| | | 试点地区指数（分） | 国家知识产权局专利管理司 |
| | | 试点机构数（家） | 国家知识产权局专利管理司 |
| | | 专利运营公共服务平台指数（分） | 地方上报 |
| | | 专利保护环境指数（分） | 专利侵权诉讼数据：《中国知识产权保护状况》白皮书；最高人民法院<br>专利行政执法数据：《中国知识产权保护状况》白皮书、《专利统计年报》、《××省专利行政执法案件数据统计》 |
| | 专利运营意识 | 专利运营培训指数（分） | 地方上报 |
| | | 专利运营研究指数（分） | 网络调查（中国知网） |

注：统计分析指基于专利公开数据中的运营数据开展的统计分析，以获得相应指标数据。

## 7.2 数据加工规则

主要基于专利公开数据中的运营数据进行深度加工。数据加工规则根据指标体系中相关指标构成情况制定，主要数据加工工作包括运营双方名称标准化、运营机构标引、质权人类型标引、商业化运营标引以及IPC分类号标引。

### 7.2.1 运营双方名称标准化

运营双方包括转让双方（变更前权利人、变更后权利人）、许可双方（让与人、受让人）、质押双方（出质人、质权人），专利运营数据中运营双方名称不规范，如同一公司使用不同中文翻译名称、共同权利人排列次数不同，括号全角/半角、公司名称变更等，标准化规则为同一运营方使用同一个标准化名称，运营双方名称标准化后有利于提高与运营双方有关统计结果的准确性。

## 7.2.2 运营机构标引

为获得指标体系中运营机构相关指标的数据，需要对运营双方进行运营机构标引，运营机构包括主营业务为专利运营的企业、生产型企业为开展专利运营而单独设立的专利运营公司（如德国拜耳知识产权有限责任公司），标引规则为运营双方中出现所定义类型运营机构则标引为运营机构。

## 7.2.3 质权人类型标引

为实现对质权人类型的统计，对质押数据中的质权人进行类型标引，质权人标引类型包括银行、担保机构、非银行金融机构、个人和其他类型（其他企业及机构），其中银行根据分析需要可再进行类型标引，银行标引类型包括政策性银行[①]、五大国有商业银行[②]、12 家全国性商业银行[③]、城市及农村商业银行、专业银行[④]、外资银行、合资银行、农村合作银行、农村信用合作联社和村镇银行。

## 7.2.4 商业化运营标引

为获得指标体系中商业化程度的数据，需要对专利转让和许可数据进行商业化运营标引，标引规则为专利转让/许可双方不存在关联关系[⑤]，即

---

① 中国三大政策性银行：国家开发银行、中国进出口银行、中国农业发展银行。
② 五大国有商业银行：中国工商银行、中国农业银行、中国建设银行、中国银行、交通银行。
③ 12 家全国性商业银行：浦发银行、招商银行、中信银行、光大银行、华夏银行、民生银行、兴业银行、广发银行、平安银行、渤海银行、恒丰银行、浙商银行。
④ 专业银行：邮政储蓄银行。
⑤ 根据《中华人民共和国公司法》的解释，关联关系是指公司控股股东、实际控制人、董事、监事、高级管理人员与其直接或者间接控制的企业之间的关系，以及可能导致公司利益转移的其他关系。但是，国家控股的企业之间不仅因为同受国家控股而具有关联关系。

为商业化运营，为营利性运营，数据标引范围选择为专利转让/许可双方 TOP100。

## 7.2.5　IPC 分类号标引

为获得指标体系中与产业有关的数据，需要对专利运营数据进行 IPC 分类号标引，标引规则为针对运营数据中的主分类号字段，对应标引其 IPC 大类。

# 7.3　信息搜集工作流程

## 7.3.1　专利运营涉及主体分类

由专利运营的概念可知，只要是对专利权具有支配权的人或组织机构均可成为专利运营的主体。因此，专利运营主体是多元化的、复杂的、广泛的，其包含的类型众多，拥有专利权的个人、企业、高校、科研机构，以及专门从事专利资本化、商品化、产业化的中介机构，甚至是政府部门等拥有专利权的主体都可以是专利运营的主体。从专利运营指标信息搜集的角度出发，对信息搜集主要对象，即企业、高校、科研院所、中介服务机构等的特点进行分析。

（1）企业：专利运营供需双方最重要的参与者。

企业处于市场的前沿，是科学研究的指挥棒，能敏锐地感受到市场需求。市场需求什么技术，可能遇到的运营风险，这些企业都最为了解。同时，企业亦是创新的沃土，其自身具有较强的创新能力，更有比较充裕的资金开展专利运营工作。企业的角色有点复杂，一方面有的企业本身参与专利研发，是专利技术的生产者；而另一方面，专利技术最终是要转化应用到企业中去，企业又是专利技术的需求者。

（2）高校（科研机构）：专利运营的重要来源地。

高校作为科技进步的主体力量，在专利运营过程中发挥着至关重要的作用。高校培养了大量技术创新和知识产权创造的人才，具有较强的研究和开发能力，拥有丰富的知识储备。因此，高校在整个专利生产中占有重要份额，这也是专利运营的重要基础。

（3）中介机构：专利运营活动的沟通桥梁。

中介机构是专利供给方与成果需求方有效沟通的桥梁，在政府政策的指导下，创建专利运营服务体系，搭建专利服务网络平台，面向社会开展专利技术扩散、专利成果转化、科技评估以及管理咨询等专业化服务，对政策、其他专利运营主体与市场之间的专利技术转移发挥着关键性的促进作用。为了促进我国专利技术转化率的提高，国家知识产权局于2006年启动了"全国专利技术展示交易平台计划"，分批建立国家专利技术展示交易中心。

（4）金融机构：为专利运营提供资金支持。

随着专利运营活动的成熟化、多样化，如近几年越来越热的专利质押融资、专利入股等，金融机构在专利运营活动中的角色越来越重要，金融机构主要为专利运营提供资金支持，包括研发期间和转化期间，只有拥有充足的资金支持，专利运营才能顺利进行，专利成果价值才能得到最终实现。

（5）专利联盟：对专利运营起重点推动作用。

专利联盟是企业之间基于共同的战略利益，以一组相关的专利技术为纽带达成的联盟，联盟内部的企业实现专利的交叉许可，或者相互优惠使用彼此的专利技术，对联盟外部共同发布联合许可声明。我国的专利联盟主要分布在北京和广东地区，《2012年国家知识产权战略实施推进计划》指出："推进战略性新兴产业专利联盟建设，指导和建立30家左右产业专利联盟。"

专利运营指标信息搜集工作由国家知识产权局专利管理司统一组织领导，各省区市知识产权局作为信息搜集责任单位负责组织联系实施，知识产权出版社有限责任公司负责设计调查问卷和选取调查样本，并提供给各信息搜集责任单位，各信息搜集责任单位负责将收集、整理、统计后的专利运营相关指标数据报送国家知识产权局专利管理司。

### 7.3.2　专利运营信息搜集工作流程

专利运营指标信息搜集工作采用自下而上的方式搜集信息，由国家知识产权局统一组织领导，各省区市知识产权局作为信息搜集责任单位负责组织联系实施。各信息搜集责任单位负责将各专利运营主体上报的专利运营相关基层数据信息进行整理、统计后报送国家知识产权局。专利运营指标信息搜集工作流程见图7－1所示。

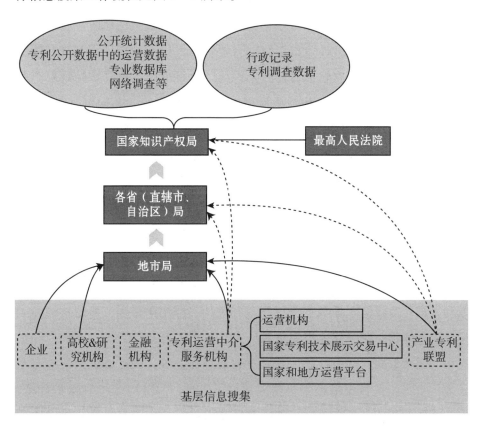

**图7－1　专利运营指标信息搜集工作流程图**

（1）专利运营活动主体：基层信息填报，确保样本选择的科学性和覆盖率。

企业、高校（科研机构）、专利运营中介机构（运营机构、国家专利技术展示交易中心、国家和地方运营平台等）是专利运营活动的主要参与者，也是基层信息搜集的主要对象。对于全国专利运营状况评价指标相关数据的搜集，涉及专利转让金额、标准必要专利、专利运营人才等相关指标数据需要专利运营活动的参与主体填报。

（2）各省（区市）知识产权局：全省（区市）数据收集、整理、统计、报送，确保数据的全面性和有效性。

各级知识产权局负责安排基层信息的填报和专利运营相关指标数据的收集、整理、报送工作，除基层信息搜集外，涉及政策、财政经费、专项机构设置、专利运营培训等指标数据需要各级知识产权局填报整理，依次报送地级市局、省（直辖市、自治区）局，地级市局可根据实际情况需要直接负责基层信息搜集工作或由所属区（县）局负责，并向省（直辖市、自治区）局报送相关数据，各省（直辖市、自治区）局负责全省（直辖市、自治区）专利运营相关指标数据的搜集、整理和报送工作。

（3）国家知识产权局专利管理司：主持、监督、协调、统筹工作开展，确保各渠道数据的有效性和完整性，保障评价工作顺利开展。

国家知识产权局专利管理司主持专利运营相关指标数据的填报、搜集、整理、报送工作，对于地方报送数据，各省（直辖市、自治区）局向国家知识产权局专利管理司报送各省专利运营相关指标数据，国家知识产权局专利管理司负责对上报数据进行整理和统计，以用于全国、各省市的专利运营状况评价；对于其他搜集渠道信息，包括公开统计数据、专利公开数据中的运营数据、部门行政记录、专利调查数据等，国家知识产权局专利管理司负责相关数据的搜集、整理和加工工作。另外对于专利保护环境、标准必要专利相关指标数据可能需要最高人民法院和国家标准化管理委员会提供数据支持。

另外，对于基层填报对象专利运营中介服务机构（运营机构、国家专利技术展示交易中心、国家和地方运营平台）和专利产业联盟，国家知识产权局已经有相关备案信息，可以采取向地方上报也可以直接向国家知识

产权局专利管理司报送数据。根据国家知识产权局的相关备案信息，国家
专利运营试点企业名单（截至 2016 年 6 月）共 115 家，其中服务型企业 69
家，大部分为运营机构，备案在册的产业知识产权联盟名单（截至 2017 年
6 月）共有 91 家联盟，国家专利技术展示交易中心名单（截至 2016 年 6
月）共有 41 家交易中心。

# 第 *8* 章

# 专利运营绩效评价模型

数据标准化（归一化）处理是数据挖掘的一项基础工作，不同评价指标往往具有不同的量纲和量纲单位，这样的情况会影响到数据分析的结果，为了消除指标之间的量纲影响，需要进行数据标准化处理，以解决数据指标之间的可比性。原始数据经过数据标准化处理后，各指标处于同一数量级，适合进行综合对比评价。

在计算全国专利运营评价指标体系各层级分值时，需要对指标体系中原始数据进行标准化，再按照相应权重，进行一级指标指数和综合评价指数测算，以全国专利运营评价指标体系分别评价全国专利运营总体状况和各省市专利运营状况时有所区别，具体参考评价模型如下。

## 8.1 评价模型1：用以评价全国专利运营总体状况，不进行各省市对比

全国专利运营总体状况评价指数选取某一年份作为基期年份（如2016年，基期年份需考虑历史数据的可得性），设置基期年份综合评价及政策、经济、技术和社会评价指数为100分，依此对之后年份的全国数据进行测算，体现全国专利运营状况的年度发展变化情况，不体现各省市间的横向比较。

（1）计算指标增速。

指标的增速是以基期年份指标值作为基准进行比较的。同时为防止某

些重要指标增速过高（或过低）而造成的指标增速之间不可比，可对指标增速的范围进行合理控制。可采用的方式是将指标增速的基准值设定为该指标的两年平均值，从而使各三级指标增速范围控制在 $[-200，200]$ 的区间内，计算公式如下：

$$r_{ij,t} = \frac{x_{ij,t} - x_{ij,t-1}}{(x_{ij,t} + x_{ij,t-1})/2}$$

其中，$x_{ij,t}$ 表示第 i 个一级指标下的第 j 个三级指标在第 t 年的数值。$r_{ij,t}$ 表示该指标的年度指标增速，其中，i＝1，2，3，4；t 起始于基期年份。

（2）计算一级指标数值。

本指标体系直接利用三级指标的增速加权计算一级指标指数，公式如下：

$$R_{i,t} = \frac{\sum_{j=1}^{n_i} r_{ij,t}\omega_{ij}}{\sum_{j=1}^{n_i} \omega_{ij}}$$

$R_{i,t}$ 表示第 t 年度的一级指标增速，$r_{ij,t}$ 表示该指标下的三级指标年度指标增速，$\omega_{ij}$ 是第 j 个三级指标对应的权重。其中，i＝1，2，3，4；t 起始于基期年份。

根据上述指标增速，利用下面的公式得出一级指标数值，即政策、经济、技术和社会评价指数：

$$C_{i,t} = C_{i,t-1} \times \frac{200 + R_{i,t}}{200 - R_{i,t}}$$

其中，i＝1，2，3，4；t 起始于基期年份，$C_{i,t}$＝100。

（3）计算综合评价指数。

全国专利运营总体状况综合评价指数通过一级指数的加权获得，即政策、经济、技术和社会各要素评价指数的加权综合，公式如下：

$$E_{i,t} = \sum_{i=1}^{4} C_{i,t}\omega_i$$

其中，$C_{i,t}$＝100，$\omega_i$ 是第 i 个一级指标对应的权重，i＝1，2，3，4；t 起始于基期年份。

## 8.2 评价模型2：用以评价各省市专利运营状况，体现横向对比

全国各地区专利运营状况评价指数由二级指标经标准化后加权计算而成，在计算指标体系各层级指数时，对指标体系中原始数据采用中位数[①]作为标杆值来标准化，中位数为60分，最大值为100分，区间内按比例赋值。按照相应权重，进行各地区专利运营状况综合评价指数测算，计算方法如下。

（1）计算三级指标数值。

将各三级指标按照以下规则标准化，得到三级指标的标准化值，即为三级指标相应的指数，计算方法如下：

$$d_{i,j,k} = \frac{\min(x_{i,j,k}, med(x_{i,j,\square}))}{med(x_{i,j,\square})} \times 60 + \frac{\max(x_{i,j,k}, med(x_{i,j,\square})) - med(x_{i,j,\square})}{\max(x_{i,j,\square}) - med(x_{i,j,\square})} \times 40$$

其中：$x_{i,j,k}$ 为第 i 个一级指标第 j 个二级指标下的第 k 个三级指标；$med(x_{i,j,\square})$ 为第 k 个三级指标数据相应的中位数；i = 1，2，…，11，j = 1，2，3，4，5。

（2）计算二级指标数值。

二级指数 $d_{i,j,\square}$ 由三级指标指数加权综合而成，即

$$d_{i,j,\square} = \sum_{k=1}^{n_{i,j}} w_{i,j,k} d_{i,j,k}$$

其中：$w_{i,j,k}$ 为各三级指标指数相应的权重；$n_{i,j}$ 为第 i 个一级指标第 j 个二级指标下设三级指标的个数。

（3）计算一级指标数值。

一级指数 $d_{i,\square,\square}$ 由二级指标指数加权综合而成，即

$$d_{i,\square,\square} = \sum_{j=1}^{n_i} w_{i,j,\square} d_{i,j,\square}$$

其中：$w_{i,j,\square}$ 为各二级指标指数相应的权重；$n_i$ 为第 i 个一级指标下设二

---

[①] 中位数是统计总体中各个变量值按大小顺序排列起来，形成一个数列，处于变量数列中间位置的变量值。其中，若统计总体为偶数，则为处于中间位置的两个变量值的平均值。

级指标的个数。

（4）计算综合评价指标

综合评价指标由一级指标指数加权综合而成，即：

$$d = \sum_{i=1}^{n} w_{i,\square,\square} d_{i,\square,\square}$$

其中：$w_{i,\square,\square}$ 为各一级指标指数相应的权重；n 为一级指标的个数。

# 城市篇

# 知识产权运营服务体系
# 建设重点城市经验

◆ 第9章　青岛市知识产权运营服务体系建设

◆ 第10章　苏州市知识产权运营服务体系建设

◆ 第11章　成都市知识产权运营服务体系建设

◆ 第12章　长沙市知识产权运营服务体系建设

◆ 第13章　西安市知识产权运营服务体系建设

◆ 第14章　郑州市知识产权运营服务体系建设

◆ 第15章　厦门市知识产权运营服务体系建设

◆ 第16章　宁波市知识产权运营服务体系建设

# 第 *9* 章

# 青岛市知识产权运营服务体系建设

2017 年，青岛市大力实施知识产权战略，扎实推进国家示范城市建设，积极创建知识产权强市，知识产权运营服务体系建设有序推进，各项工作取得显著成效，成为转方式、调结构和提升城市核心竞争力的重要支撑，为青岛市创新驱动发展、新旧动能转换、加快建设宜居幸福的现代化国际城市发挥了重要引领作用。

## 9.1 青岛市知识产权工作基本情况

### 9.1.1 知识产权工作成效显著提升

2017 年，青岛市获批成为全国首批知识产权运营服务体系建设重点城市（八个之一），国家财政部给予 2 亿元资金支持；成为首批国家知识产权综合管理改革试点地方（六个之一）；获批首批国家知识产权强市创建市（十个之一）。在国家知识产权示范城市考核中，在全国副省级城市中排名第一，荣获国家知识产权示范城市工作先进集体。胶州市被确定为国家知识产权强县工程试点县（区）。青岛海德威科技有限公司和青岛亨达股份有限公司两家企业被确定为国家知识产权示范企业，青岛蔚蓝生物股份有限公司等 11 家企业被确定为国家知识产权优势企业，青岛柏兰集团有限公司等 9 家企业被确定为山东省知识产权示范企业。

### 9.1.2 知识产权政策体系进一步完善

一是以青岛市政府名义印发《青岛市创建国家知识产权强市实施方案》，提出了创建国家知识产权强市的任务目标、工作措施，明确了各项重点工作实施步骤并进行责任分解。二是以青岛市政府名义印发《青岛市知识产权运营服务体系建设实施方案》，计划用3年时间全面提升知识产权创造、运用、保护、管理、服务水平，基本建成要素完备、体系健全、运行顺畅的知识产权运营服务体系，使青岛的知识产权治理能力、保护环境、产出效率、对经济发展的贡献度、人才聚集度均达到国内一流水平。三是修订《青岛市科技型中小微企业专利权质押保险贷款和资助管理办法》《青岛市专利专项资金管理办法》，印发《青岛市知识产权运营服务体系建设专项资金管理办法》，进一步完善专利专项资金的管理使用。

2017年，财政资金对知识产权工作的投入力度大幅度提升，其中市级知识产权专项资金规模增至6410万元，比2016年度增长30.2%，下辖10个区（市）及高新区知识产权专项资金合计达6243万元。全市发明专利申请量、授权量、有效发明专利拥有量分别为22492件、5939件和21802件，均居山东省第一。PCT（《专利合作条约》）国际申请量761件，居山东省第一。青岛市万人有效发明专利拥有量为23.97件，居山东省第二。通过《企业知识产权管理规范》体系认证的企业数量新增53家，居山东省第三。17家企业发明专利授权量进入山东省50强，7所高校发明专利授权量进入山东省20强，11家科研院所发明专利授权量进入山东省30强。第十九届中国专利奖，青岛市获中国专利金奖和中国外观设计金奖3项，中国专利优秀奖和中国外观设计优秀奖13项，获奖等次和数量均创历史新高。青岛市累计出动知识产权执法人员160余人次，查处假冒及标注不规范专利案件642件，调处专利纠纷立案80件，结案84件。青岛市专利质押融资114笔，同比增长31.0%，融资金额6.96亿元，同比增长146.8%，其中专利权质押保险贷款36笔，银行发放贷款13060万元，保险承保金额13888万元，有效解决了科技型中小微企业发展融资问题。青岛市涉及专利的技术合同成交达到 2.75 亿元，同比增长 13.61%。

## 9.2 青岛市知识产权运营情况

2017 年，青岛市专利技术合同成交额 2.75 亿元。2013 年，青岛市专利质押贷款 32 笔，贷款金额 14870 万元。2014 年青岛市专利质押贷款 50 笔，贷款金额 24680 万元。2015 年，青岛市专利质押贷款 53 笔，贷款金额 124000 万元。2016 年，青岛市专利质押组合贷款 61 笔，贷款金额 1.58 亿元。专利质押保险贷款模式获得贷款企业 24 家，获得贷款授信 9170 万元。2017 年，青岛市专利质押贷款 114 笔，贷款金额 6.96 亿元，其中专利权质押保险贷款 36 笔，银行发放贷款 13060 万元，保险承保金额 13888 万元。

## 9.3 青岛市主要经验

### 9.3.1 积极推动知识产权创造能力提升

（1）创造激励措施不断加强。2017 年，青岛市修订《青岛市专利专项资金管理办法》，印发《青岛市知识产权运营服务体系建设专项资金管理办法》，进一步完善了知识产权创造激励措施。一是对授权发明专利和 PCT 国际专利申请和授权给予资助。二是对规模较大、布局合理、对加快产业发展和提高国际竞争力具有支撑保障作用，且产生较高经济效益的关键核心技术专利组合（专利池）（其中，发明专利数量不低于 50 件，PCT 申请不低于 10 件）给予重金奖励。三是对高校院所实现本地转化的授权高价值发明专利给予奖励，激励高校院所加强创新创造。

（2）专利信息利用能力进一步加强。实施专利导航试点工程，面向产业集聚区，建设专利导航产业发展实验区，培育专利导航试点企业。以企业为主体，捆绑知识产权服务机构，实施企业运营类专利导航计划，推动企业开展关键核心技术专利布局，计划 2017 年到 2019 年三年完成 50 个导航项目，对每一个项目资助 15 万元。完成海洋新能源、海洋生物医药、海洋船舶业等 13 个技术领域的蓝色专利专题数据库建设，开展"铁基非品带材"等 10 个专利信息分析预警，利用专利信息能力进一步提升。

### 9.3.2 知识产权保护环境不断优化

（1）知识产权执法力度进一步加强。积极推进知识产权执法工作，创新执法监管方式，制定"双随机一公开"执法检查方案和实施细则，规范执法程序，严格依法行政，加大对专利违法行为的执法检查力度。针对重点领域和重点查处产品，严厉打击专利违法行为，2017 年立案查处假冒专利 642 件，处理专利纠纷 80 件，结案 84 起，参加行政应诉 14 起。大力推进进出口环节专利执法工作。2015 年以来，连续三年承担了国家知识产权局建立进出口环节专利执法维权机制的任务，分别与黄岛海关、黄岛区知识产权局、中德生态园以及青岛机场海关、城阳区知识产权局建立专利执法协作机制。组织开展展会执法。先后与崂山区科技局、即墨市科技局建立了联合驻会开展会展专利执法的合作机制，联合商务、工商、海关、版权等单位组成知识产权保护工作组入驻展会，设立并公开专门的知识产权投诉电话、投诉站，为参展商提供法律咨询，接受参展商的相关投诉，严厉查处展会中发生的知识产权违法行为。推进专业市场专项保护行动。加快推进青岛电子街、即墨市小商品市场、城阳和聚中联电子信息城等国家级知识产权保护规范化市场建设。即墨市小商品市场成功成为国家知识产权保护规范化市场。加大知识产权纠纷调解工作力度。与青岛市中级人民法院、青岛市司法局签订了《关于构建专利纠纷诉调对接机制的若干意见》，成立了青岛市知识产权维权援助中心人民调解委员会，在专利纠纷的处理过程中加大人民调解的力度，促进社会和谐稳定。

（2）知识产权维权援助工作成效显著。积极推进知识产权维权援助工作。目前已建立 21 个分中心（工作站），全年接听 12330 热线来电 3000 多个，接收维权援助案件 8 件，举报投诉案件 26 件，出具电商侵权判定意见书 77 件。

### 9.3.3 专利转化运用扎实推进

一是专利运营基金设立有序推进。围绕重点产业组建专利运营基金。目前，海尔集团已牵头完成了智慧家庭产业专利运营基金的管理公司注册和基金募集方案筹备、专利联盟筹建、基金备案登记和专利运营团队组建工作，即将正式投入运营。二是专利权保险贷款"青岛模式"取得显著成效。修订了《青岛市科技型中小微企业专利权质押保险贷款和资助管理办法》，保留了原来的总体框架，修改和新增了部分条款，继续推动保险机构、担保机构和银行三方共担融资风险的贷款模式，继续保留"四补"政策。

（1）重点产业知识产权运营基金建设快速推进。推动设立智慧家庭产业专利运营基金，确定 GP 和 LP，青岛海慕投资管理有限公司（基金管理人公司）已于 2018 年 1 月 26 日完成工商注册，青岛海尔科技投资有限公司、青岛蓝智现代服务业数字工程技术研究中心、上海慕士投资管理合伙企业（有限合伙）、青岛海慕投资管理有限公司等社会投资人均已完成内部决策和资金筹措，并出具出资承诺函。基金规模 2 亿元，青岛市和市南区财政分别出资 5000 万元、1000 万元，撬动社会资本 1.4 亿元。

（2）专利权质押融资增长迅速。一是国内首创专利权质押保险贷款保险共保机制体，有效解决保险公司保证保险业务分保难的问题；银行机构对保险共保体承保专利权质押贷款风险更加信任；担保机构因共保体的出现开展专利权质押保险贷款信心更加充足；贷款企业选择金融服务机构的范围更加广泛，由此为专利权质押保险贷款业务的顺利开展奠定了坚实的基础。二是为推动质押融资工作惠及更多企业，设立了科技型中小微企业专利质押和保险资助资金，资金规模根据年度实际情况确定，用于解决无其他资产抵押贷款的科技型中小微企业融资难题。青岛市专利质押融资 114 笔，金额 6.96 亿元，分别同比增长 31% 和 146.8%，其中，科技型中小微企业专利质押和保险资助资金扶持下，无须捆绑固定资产的专利质押保险贷款金额 1.3 亿元，贷款企业数量 36 家，分别比上年增长 28.42%、28.57%。

### 9.3.4 积极推动知识产权服务能力建设

（1）知识产权服务机构快速发展。坚持"存量提质、增量提升"，实施知识产权服务能力提升计划，专利中介服务业快速发展。目前，青岛市专利代理机构47家，占山东省（127家）37%，总量居全省第一。青岛市拥有二星级专利代理机构1家，国家知识产权服务品牌培育单位1家，国家知识产权分析评议服务示范创建机构2家，国家专利运营试点单位2家。青岛市知识产权事务中心成功入选全国专利文献服务网点单位。建设公共服务平台，建成使用面积1200平方米，全国首个集专利代办、专利信息利用、知识产权维权援助、公益培训等多业务一体化的一站式知识产权公共服务平台，承担中国（青岛）知识产权维权援助中心、国家知识产权局青岛专利信息服务中心、国家专利技术青岛展示交易中心和山东省知识产权信息服务平台青岛分平台的管理和服务工作。在李沧区、城阳区建立知识产权公共服务平台分平台，青岛市公共服务平台分平台达到10个。

（2）加快建设知识产权服务业集聚发展试验区。青岛市崂山区自2015年12月获批国家知识产权服务业集聚发展试验区以来，积极探索并实践适合于试验区发展的新思路、新模式，知识产权工作取得显著成效。一是强化组织管理体系，成立以区政府主要领导为组长，区科创委、财政、人社、文化、市场监管等部门为成员的工作领导小组。二是推进知识产权基础服务平台建设，建设完成国家专利展示交易中心青岛分中心。三是加大知识产权服务机构引进和培育力度，试验区专利、商标、资产评估、融资担保等知识产权服务机构达到120家，其中代理服务机构15家，占全市比例达32%，专业从业人员近900人。全国知识产权服务品牌机构4家，占全市比例达80%，青岛发思特专利商标代理有限公司被评为二星级专利代理机构，并获批国家知识产权分析评议服务示范创建机构。以试验区内代理机构、律师事务所等为主体，成立知识产权服务联盟。三是出台《扶持知识产权工作发展实施办法》，突出知识产权对创新创业生态体系的支撑作用，对专利创造、知识产权服务机构引进、专利代理服务、知识产权公共服务平台建设、专利维权等方面给予全方位支持。2017 年度共投入市区两级知识产权专项扶持资金 2000 余万元，发明专利申请量和授权量分别达到 6790 件和 1804 件，位居全省前列。有效发明专利拥有量达到 6862 件。

## 9.4 青岛市典型案例

### 9.4.1 青岛市专利质押保险贷款扎实推进

青岛市在全国首创专利质押保险贷款新模式，出台《科技型中小微企业专利权质押贷款资助实施细则》和《青岛市科技型中小微企业专利权质押保险贷款和资助管理办法》，会同银行、保险、担保、专利中介服务机构等单位成立专利权质押保险贷款服务联盟，构建"荐、评、担、险、贷"工作体系，搭建青岛专利权质押保险贷款网上服务平台，采取保险、担保和银行分别以 60%、20%、20% 比例分担风险的方式，开创了以保险撬动专利质押贷款的新模式，为解决科技型中小企业融资难开辟了新路径。截至 2017 年底，累计受理企业贷款申请 133 家，完成企业贷款 77 家，银行贷款授信 26590 万元，发放贷款 26290 万元，保险承保金额 27997 万元，中国保监会据此新增了"专利质押贷款保证保险"险种，在国内全面推广青岛模式。

### 9.4.2 海尔集团专利运营成效显著

海尔集团借助专利占位实现推进行业事实标准及增值；利用自身专利资源优势实现产业协同和运营收益。

一是加强专利布局。海尔集团在关键技术领域打造具有核心竞争力的高价值专利包，实现中国家电在全球的领先地位。例如，用于冰箱的精控干湿分储技术，保鲜效果好，可迅速平衡冰箱间室内温差，共布局发明专利 96 项，应用到中高端产品，并把该专利包在 IEC 标准组织中推动成立了一个 WG4，冰箱保鲜工作组，以便主导冰箱保鲜标准的制定；在洗衣机上，海尔全球首创上下双筒、一屏双控分区洗涤的滚筒洗衣机，在减震平衡、水重用、智能控制、专业洗护等核心技术的专利布局 112 项，目前正在 IEC 申报成立标准；在空调上，海尔舒适送风技术布局专利 90 项，并获得国家科技进步二等奖、外观设计优秀奖、中国家电红顶奖、全球智慧空调领袖奖、艾普兰奖等多个大奖。目前，海尔集团的专利布局保护基本是以专利包的形式来实现，在智能模块、分区送风、无线传输、磁制冷等领域形成 30 多项专利包，每包的专利不少于 40 项。

二是推动高价值专利培育和运营。（1）防电墙技术。海尔防电墙技术共获得国家发明专利授权 10 余项，并推动此技术成为 IEC 国际标准，成为行业强制安全标准。通过采用"技术、专利、标准"联动模式，防电墙专利技术许可给国内 10 余家厂商，获得专利许可费超千万元。（2）直线压机技术。海尔本身不做压缩机，但通过研发试制出全球体积最小、性能领先且噪音低的新型压缩机，并围绕该产品布局近 80 件发明专利。基于自身产业需求考虑后采用持久的运营方式，向全球知名压缩机厂许可实施该批专利权，采用入门费加按量计价的方式收取许可费，专利许可合同金额超过亿元，并约定海尔集团享有两年的独家采购权。海尔集团通过专利运营不仅收回了前期研发投入，更保持了产业优势。（3）"魔粒洗"技术。"魔粒洗"洗衣机是基于纳米多孔高分子材料对污垢的吸附特性及与衣物摩擦除污的物理特性进行创新实践的新型洗衣机，海尔集团整合外部创新资源，共同针对利用高分子颗粒洗实现节水洗涤的家用产品进行联合开发，海尔集团基于自主创新成果，进行了全方位的专利布局，共布局专利申请 98 项，英国 xeros 及多家知识产权交易公司与海尔集团进行洽谈颗粒洗专利包的整体对外出售，经过多轮沟通以及谈判，以 50 万美元的价格与 xeros 达成转让协议。

三是组建智慧家庭产业专利运营基金。智慧家庭作为国家战略性新兴产业之一，代表新一轮科技革命和产业变革的方向，是培育发展新动能、获取未来竞争新优势的关键领域。智慧家庭涉及众多技术领域，这些领域因为国内企业和研究机构起步较晚，大量关键技术和专利掌握在国外企业手中（如谷歌、微软、Sun、甲骨文等公司），国内的整个智慧家庭产业均存在巨大的专利风险。在网络接入，音视频，互联互通和 OS 等技术领域，将面临着来自 VIA ／ Vetics、Sisvel、MPEG LA 和杜比、SDDS、DTS 等专利许可要求和专利诉讼。海尔集团牵头成立青岛市智慧家庭专利运营基金，专利运营基金在支持智慧家庭产业创新链、价值链、资金链、服务链的完善方面能够起到重要的作用。青岛智慧家庭专利运营基金将按市场化模式运作，提高资金效益，发挥财政资金的引导带动作用，引导各类社会资本加大对青岛市智慧家庭产业的投入，加快区域内处于初创期和早中期的创新型企业的培育和发展。

# 第 *10* 章

# 苏州市知识产权运营服务体系建设

2017 年，在国家和省知识产权局的关心指导下，苏州市成为全国首批 6 个知识产权综合管理改革试点地方之一，首批 10 个国家知识产权强市创建市之一，八个国家知识产权运营服务体系建设重点城市之一。苏州市知识产权局被国家知识产权局、公安部评为 2016 年度全国知识产权系统和公安机关知识产权执法工作成绩突出集体。总体来看，苏州市知识产权创造稳中向上、稳中向好，知识产权运用取得突破，知识产权保护部门协同、上下联动，知识产权服务体系不断完善，知识产权各项工作取得显著成效。

## 10.1 苏州市知识产权工作基本情况

### 10.1.1 知识产权激励创造稳中调优，质量结构持续优化

一是知识产权总量保持平稳。2017 年苏州市专利申请量 11.37 万件，同比增长 12.6%，其中发明专利申请量 4.58 万件，同比增长 1.6%；专利授权量为 5.32 万件，其中发明专利授权量 1.16 万件，同比下降 12.4%。苏州市版权作品登记 7.29 万件，其中一般作品 6.12 万件，同比增长 4.71%；软件作品 1.17 万件，同比增长 69.1%。

二是知识产权结构渐趋合理。2017 年发明专利申请占比 40.3%，发明专利授权占比 21.8%，苏州市有效发明专利量达 4.92 万件，同比增长

20.7%；万人有效发明专利拥有量达到 46.02 件，比 2016 年提高 7.77 件，同比增长 20.3%；PCT 国际专利申请 1570 件，同比增长 44.3%。软件著作权登记量占版权作品登记总量的 16%，比上年度提升近 6 个百分点。

三是知识产权质量不断提高。吴中斯莱克精密设备股份有限公司、太仓贝斯特机械设备有限公司等 29 家企业的 29 项专利荣获第十九届中国专利奖发明专利优秀奖，昆山膳魔师（中国）家庭制品有限公司、苏州高新区莱克电气股份有限公司的两项外观专利荣获第十九届中国专利奖外观设计优秀奖，获奖数量再创新高，占江苏省 32.6%，连续三年位居全省第一。苏州市获得省专利项目奖优秀奖 13 项，占全省 26%；5 件作品荣获江苏省优秀版权作品一等奖，占全省 50%，6 件作品获二等奖、19 件作品获三等奖，总获奖数量占全省 40.5%。苏州市政府评选出市知识产权（专利、版权）奖一等奖 10 项、二等奖 31 项、苏州市杰出发明人（设计人）5 名，进一步激励了创新、创作、创造走向高质量发展。

## 10.1.2 知识产权保护体系日趋完善，执法力度明显加大

一是行政执法成效显著。苏州市出动专利行政执法人员 130 余人次，检查商业场所 52 家，商品 6700 余件，立案查处各类专利违法案件 1009 件，其中假冒专利案件 795 件，专利纠纷案件 214 件。苏州市立案查处各类侵权盗版案件 28 件，结案 28 件，收缴侵权盗版制品近 8900 件。张家港市版权局连续四年被国家版权局评为查处侵权盗版案件有功单位，46 人次被国家版权局授予查处侵权盗版案件有功个人。昆山市版权局查办的"12·15"侵犯著作权案入选国家版权局"全国版权打击侵权盗版十大案件"。

二是维权体系更加健全。苏州市知识产权局分别与市商务局、市工商联建立了展会知识产权保护、行业知识产权工作站等合作机制。苏州市维权中心分支机构达到 12 家，"12330"维权平台共接收电话、网络、来访等

相关咨询 1540 次，组织开展知识产权维权培训会 6 场 450 余人次。

三是软件正版化工作有序推进。深入开展财政预算单位使用正版软件工作，明确了任务要求，进行了市级政府机关使用正版软件督促检查和市属国有企业使用正版软件工作阶段性检查，机关软件正版化水平进一步提高。围绕重点领域和行业，投入资金 400 多万元，实施软件正版化计划项目，进一步提升了全社会使用正版软件、保护知识产权的意识。

四是保护环境不断优化。苏州市成为第二批电商领域专利执法维权协作办案序列城市。在 5 家试点商会成立知识产权工作站，加强行业知识产权保护。苏州市知识产权行政执法支队入驻"2017 中国昆山品牌进口交易会"等重大展会开展知识产权维权活动，共处理 37 件展会涉嫌纠纷案件。组织志愿者队伍进驻科技产业园区及孵化器开展维权志愿服务。继续实施"正版正货"示范承诺计划等项目，进一步规范市场经营秩序、营造知识产权保护氛围。

## 10.1.3 知识产权宏观管理不断加强，工作体系更加健全

一是区域示范取得突破。太仓市列入国家知识产权强县工程示范市、吴中区列入国家知识产权强县工程示范区。常熟高新区、常熟经开区、吴江经开区列入国家知识产权试点园区。张家港市获评国家中小企业知识产权战略推进工程试点城市。昆山高新区等三家园区列入江苏省知识产权示范园区，吴江省级高新区（筹）列入江苏省知识产权试点园区，苏州市共有国家级和省级知识产权示范试点园区累计达 21 家，总量列江苏省第一。

二是优秀企业不断涌现。苏州工业园区宝时得机械（中国）有限公司等 6 家企业成为国家知识产权示范企业，太仓市同维电子有限公司等 39 家企业成为国家知识产权优势企业，获评总量江苏省第一。昆山周庄文化创意产业园、吴江太湖雪丝绸股份有限公司成为全国版权示范园区、单位，姑苏区艺唐丝绸文化有限公司、吴中区糖心文化传媒有限公司成为江苏省

版权示范单位，累计拥有全国版权示范单位（园区）9 个、省版权示范单位（园区）30 个，位居江苏省之首。

三是服务创新勇于探索。启动开展了战略新兴产业十大重点领域知识产权信息分析研究、区域创新发明专利数据分析研究、版权产业分析研究，从知识产权角度对重点产业创新发展和区域创新发展提供指引，为政府和相关产业领域的企业提供服务。苏州工业园区运用知识产权信息分析为发展人工智能产业决策提供指导意见。

## 10.1.4 知识产权服务业加快发展，服务能力全面提升

一是公共服务不断加强。加快建设苏州市知识产权公共信息服务平台和苏州市海外知识产权预警平台，为市场主体提供更多优质服务。在常熟、吴中、姑苏设立版权工作站，推动作品登记服务进基层。苏州市专利代办处受理专利申请 11.36 万件，收费 29.74 万笔，受理专利登记簿副本制作请求 928 份，开展专利实施许可合同备案 47 份，受理专利权质押 96 份。常熟市建设了知识产权服务广场，太仓市搭建了知识产权综合信息服务平台，不断提升区域公共服务能力。

二是服务机构加快建设。组织实施苏州市知识产权服务业扶持资金项目，鼓励服务机构发展壮大。加快建设国家知识产权服务业集聚发展示范区，累计引进服务机构 80 多家，服务链进一步完善。苏州市知识产权专业服务人员超过 3000 人，在市知识产权局备案的知识产权服务机构达 93 家，知识产权服务业年营业收入达 5 亿元。

三是服务水平日益提升。组织召开苏州市服务业工作座谈会，了解行业发展状况，促进服务业高质量发展。加强对苏州市知识产权服务业商会的指导，商会新增会员 17 家，累计会员达 80 家，商会制定了《知识产权服务机构星级评定办法》，对会员实施分类管理，推进机构提升服务能力，引导服务业规范发展。组织知识产权服务业从业人员实务培训班，提升服务能力与水平。

### 10.1.5 知识产权社会氛围日益浓厚，人才工作取得突破

一是社会宣传亮点纷呈。举办 2016 年苏州市知识产权发展与保护状况新闻发布会，在《姑苏晚报》开辟专栏举办"我和知识产权的故事"征文竞赛活动，开展中小学知识产权普及教育活动，苏州工业园区星海小学、苏州市善耕实验小学校入选省级试点学校。姑苏区与汇桔网联合举办"知商服务中国行走进姑苏"活动，营造知识产权良好社会氛围。

二是培训工作力度加强。承办了全国作品版权登记工作培训班，苏州大学苏州知识产权研究院成为江苏省首个版权培训基地。举办了第六期企业总裁高级研修班，提升企业家知识产权意识。苏州工业园区举办"中小学知识产权师资培训班"，邀请国家级知识产权教育试点学校的专家交流学生知识产权教育方法，成立知识产权中小学教育研究小组，编写了符合园区特色的中小学知识产权读本。

三是人才建设扎实推进。组织外向型企业海外知识产权风险防控培训班、知识产权运营人才培训班、知识产权服务业从业人员专题培训班等各类人才工作。开展知识产权职称申报和评审，组织专利代理人考试巡考工作，2017 年专利代理人苏州考点报名通过人数增加 92 人，居全国各考点人数第五位。苏州工业园区独墅湖图书馆成为"江苏省企业知识产权人才研究与促进中心"。

## 10.2 苏州市知识产权运营情况

### 10.2.1 2013—2017 年苏州市专利运营数据分析

近五年来，苏州市专利运营日趋活跃。数据显示：2013—2017 年，苏州市涉及专利运营的专利件数达到 20000 余件，尤其是 2015 年以来，基本上占据了江苏省整体专利运营数量的三分之一，如图 10 - 1 所示。

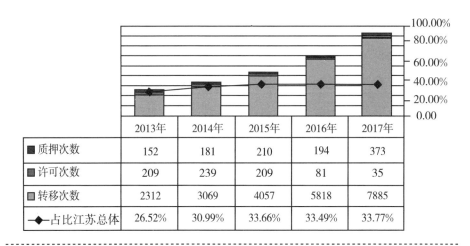

| | 2013年 | 2014年 | 2015年 | 2016年 | 2017年 |
|---|---|---|---|---|---|
| ■质押次数 | 152 | 181 | 210 | 194 | 373 |
| ■许可次数 | 209 | 239 | 209 | 81 | 35 |
| ■转移次数 | 2312 | 3069 | 4057 | 5818 | 7885 |
| ◆占比江苏总体 | 26.52% | 30.99% | 33.66% | 33.49% | 33.77% |

数据来源：search.cnipr.com。

数据时间：法律状态公告日为2013年1月1日至2017年12月31日。

**图 10－1　2013—2017 年苏州市专利运营数据分析**

从运营的活跃度情况来看，2013—2017 年，苏州市的专利运营年次数总和从 2746 次上升到 9391 次，提升了 241.99％，如图 10－2 所示。

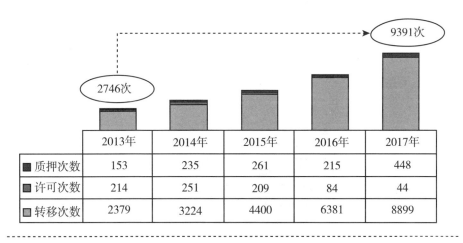

| | 2013年 | 2014年 | 2015年 | 2016年 | 2017年 |
|---|---|---|---|---|---|
| ■质押次数 | 153 | 235 | 261 | 215 | 448 |
| ■许可次数 | 214 | 251 | 209 | 84 | 44 |
| ■转移次数 | 2379 | 3224 | 4400 | 6381 | 8899 |

数据来源：search.cnipr.com。

数据时间：法律状态公告日为2013年1月1日至2017年12月31日。

**图 10－2　2013—2017 年苏州市专利运营次数变化趋势**

与其他几个城市相比，除了深圳和广州等"专利大市"外，苏州的表现也比较抢眼，如表10-1所示。在江苏省的几个重点城市中，苏州市的专利运营最为活跃。

表10-1　中国七城市专利运营次数对比（2013—2017年）

| 城市 | 2013—2017年专利运营次数总计（单位：次） |
| --- | --- |
| 深圳市 | 56069 |
| 广州市 | 34344 |
| 苏州市 | 27397 |
| 杭州市 | 18432 |
| 南京市 | 16752 |
| 无锡市 | 14321 |
| 常州市 | 10616 |

注：数据来源：search. cnipr. com。

数据时间：法律状态公告日为2013年1月1日至2017年12月31日。

从专利类型来看，苏州的专利运营基本上以发明专利为主，占比达到了62.74%，高于全国水平，而外观专利的运营几乎很少，如图10-3所示。从一个侧面反映出苏州专利运营所涉及的专利质量较高，技术性转移转化更受重视。

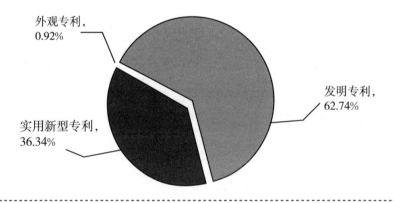

数据来源：search.cnipr.com。

图10-3　2013—2017年苏州市专利运营涉及专利类型占比情况

## 10.2.2 苏州市知识产权运营服务体系建设实施措施

（1）制定印发实施运营方案。

根据国家财政部、国家知识产权局的要求，在江苏省知识产权局指导下，苏州市知识产权局在原申报方案的基础上，制定了《苏州市知识产权运营服务体系建设实施方案》。为加强可操作性，列出了年度工作任务分解，明确了责任部门，细分了资金使用方向和使用方式。向国家和江苏省知识产权局以及苏州市领导进行了汇报，与财政等相关责任部门进行了多次沟通，进行了完善，形成了《苏州市知识产权运营服务体系建设实施方案（2017—2019 年)》。2017 年 9 月 27 日，该方案已在苏州市创新工作第 7 次例会上审议通过，10 月 27 日苏州市政府正式印发实施。

（2）加强运营工作组织协调。

成立由苏州市政府分管领导任组长，市知识产权局、市人才办、市发改委、市科技局、市财政局以及各市（区）人民政府等部门为成员的领导小组，统筹推进知识产权运营工作。加强工作调研和推进，围绕运营服务体系建设实施方案的工作目标和工作任务，推动苏州市开展运营工作，加强工作目标考核，将运营纳入苏州市知识产权主要工作预期目标。召开各县市区知识产权运营工作推进会，共同探讨《苏州市知识产权运营服务体系建设实施方案（2017—2019 年)》的具体落实，研究重点产业知识产权运营中心，明确产业重点、设立方式等。

（3）积极发挥联席会议作用。

充分发挥市、县（区）两级知识产权联席会议办公室功能作用，在联席会议统一协调下运用好办公室的日常协调管理职能，将知识产权高质量发展新要求全面纳入政府目标管理之中，将知识产权主要指标与经济社会发展综合指标同步部署、同步监督、同步考核，将知识产权重要任务通过党委政府的三年行动计划同步推进、同步实施、同步完成，将知识产权重点工作通过联席会议向各部门、各板块统一布置、统筹安排、通盘落实，真正形成知识产权工作党委政府高度重视、部门紧密配合、上下齐心联动的工作格局。

（4）起草健全运营相关政策。

为全面推进知识产权运营服务体系建设，用好运营专项资金，调动各方积极性，起草制定了一系列促进知识产权运营快速发展的政策。苏州市政府印发《苏州市企业知识产权登峰行动计划（2017—2020年）》、《姑苏知识产权人才计划实施细则（试行）》等一系列重要文件，制定了苏州市委市政府"3＋1"政策知识产权实施细则，印发《苏州市作品登记工作管理制度（试行）》等文件，进一步健全知识产权政策体系。苏州高新区制定出台了知识产权创新创业领军人才政策，最高支持50万元。《苏州市知识产权运营服务体系建设专项资金使用管理办法》、《苏州市知识产权质押贷款管理办法》、《苏州市级知识产权质押贷款扶持管理办法》、《苏州市促进知识产权运营实施办法》、《苏州市扶持知识产权服务业快速健康发展若干政策措施》等一批文件已形成初稿，征求各方意见后不断完善，抓紧时间讨论通过印发实施。

（5）指导推进运营交易中心建设。

江苏国际知识产权运营交易中心2016年10月在苏州设立并运作。2018年1月，江苏国际知识产权运营交易中心全资子公司"苏州智谷资本投资有限公司"完成注册登记，正式成立。目前，网站系统建设内容包括会员管理、展示交易、信息公告和活动报名系统等的基础功能模块；与企查查、智慧芽、天弓信息、知识产权出版社等数据服务商对接，企业注册及实名认证后可实现工商、知识产权及对外投资信息等数据调用的企业知识产权管理功能模块；与交通银行、江苏银行、浙商银行、聚创科贷等金融机构对接的知识产权金融线上备案及质押融资管理模块等，已完成上线试运行。江苏银行、交通银行金融产品已在平台上发布。

截至目前，网站平台注册用户538家，实名认证273家。平台发布知识产权转让信息达到2411项，其中专利项目1923项、商标项目488项；中国科学院苏州纳米所已在平台上开展知识产权交易项目备案工作，共有4份专利转让合同，12项专利权（专利申请权），共计转让461万元人民币。

2018 年 4 月 25 日，苏州市委宣传部、市知识产权局、市行政审批局联合举行新闻发布会，介绍江苏国际知识产权运营交易中心建设情况，宣布中心系统上线运行。当天下午在中心举办了"科技创新与知识产权保护"资源分享会暨"一站式全产业链服务云"上线仪式。

（6）加快推进运营基金设立。

苏州市知识产权局牵头与财政局、金融办等商议形成运营引导基金的设立方案。依据《苏州市知识产权运营服务体系建设实施方案（2017—2019 年)》，明确设立不低于 2 亿元的知识产权运营政府引导基金，重点投向社会化的知识产权运营基金、重点产业知识产权产业化项目、构建产业专利池、专业知识产权运营机构等，引导成立 2—3 个社会资本组成的知识产权运营基金。2017 年 10 月 27 日，《苏州市知识产权运营引导基金设立方案》经市创新工作第 8 次例会审议通过，2017 年 12 月苏州市知识产权局联合苏州市财政局、苏州市金融办三部门印发实施。2017 年 12 月 29 日起经广泛组织申报，共 37 家企业机构申报。2018 年 2 月 27 日，三部门共同商讨引导基金管理人的遴选流程、专家评分标准，并进行初审工作。2018 年 3 月 9 日，进行引导基金管理人遴选的项目立项工作，共确立 27 家机构立项，进入下一轮尽职调查程序。另外，推荐并确定引导基金知识产权专家人选。

（7）推动重点产业知识产权运营中心设立工作。

苏州市在知识产权运营服务体系建设方案中在全国率先提出建设产业知识产权运营中心的思路，计划在 2—3 年间，建设一批能够覆盖全市重点产业的知识产权运营中心，涉及人工智能、生物医药与医疗器械、纳米技术、新材料以及高端装备等重点新兴产业。2018 年 4 月 3 日，苏州市知识产权局召开的"苏州市产业知识产权运营中心建设座谈会"上初步确立吴江区的光电缆产业、昆山市的光电显示产业、吴中区的智能制造产业、苏州市工业园区的纳米制造产业、苏州高新区的医疗器械产业，实施产业知识产权运营中心建设工作。引导各重点产业知识运营中心通过产业知识产权信息分析，厘清产业创新活动、创新人才和知识产权资源的全球分布以及产业创新的技术路径、发展态势与竞争格局，为本地产业规划提供指引与方法论，明确产业资源整合、产业竞争力提升的路径。

（8）重点推进运营服务支撑体系。

加强对知识产权服务业的引导与支持，对符合条件的新设立的专利代理机构、知识产权服务机构以及国家级品牌机构进行扶持与奖励。推动成立苏州市知识产权服务业商会，搭建苏州市知识产权服务超市，通过"互联网＋"公共服务平台的建设，实现了"政府搭台，企业唱戏"的格局，目前已有70多家机构成为服务超市的成员，机构店铺57家。培育引进专业的知识产权运营机构，智慧芽、七星天、派富、江海等知识产权运营机构正逐步开展国际知识产权服务业务。2016年，苏州高新区建成国家知识产权服务业集聚发展示范区，目前全国仅有3家。目前，集聚区累计引进服务机构超过80家，品牌服务机构和品牌服务机构培育单位占比超过40%，集聚区内知识产权专业人才总数超过2400人，大大加强了区域高端知识产权服务能力，进一步完善了集聚区知识产权服务产业链。

## 10.3 苏州市主要经验

### 10.3.1 推动知识产权高质量创造

一是强化信息分析作用。加强知识产权信息分析研究，揭示技术发展路径，为创新创造提供新颖性解决方案。鼓励企业通过专利大数据了解所在领域的研究热点、技术创新点、竞争对手的专利布局等信息，提高研发效率，降低创新成本，规避知识产权风险，提升创造质量和价值。二是发挥政策杠杆导向。围绕知识产权高质量创造，加快落实省知识产权18条政策和市"3＋1"创新政策，以政策引导企业激发创新创造积极性，加大力度强化创造价值。坚持市、县（区）联动，形成政策合力，引导企业以高质量高价值为导向实施专利申请，不断提高专利撰写质量，实现从数量布局转向质量取胜。三是抓好政府跟踪管理。加强对全市发明专利申请情况的实时监控，及时分析统计数据中出现的异常情况，监督专利代理机构服务质量。组织开展无资质知识产权代理核查，打击低效率、低质量恶性竞争，促进服务机构为企业提供优质服务。

### 10.3.2 健全知识产权保护体系

一是加强机制建设。健全知识产权行政执法的立案受理、审查决定、案卷管理、统计分析、上报备案等工作运行机制，建立行政复议、行政诉讼等反应机制，完善行政执法与刑事司法衔接机制，提高知识产权保护的统一化和高效化。健全快速协同保护机制，争取设立产业知识产权保护中心。健全保护政策体系，争取市级层面出台《关于加强知识产权保护的意见》。二是强化执法工作。扎实开展知识产权各类专项行动，完善重点知识产权保护名录，加强部门协作，开展联合执法。加强基层执法队伍建设，提升基层执法能力。做好省、市、县（区）三级联合执法工作，加大上下联动执法力度。三是优化保护环境。积极申报国家知识产权保护规范化市场。制定《苏州市知识产权预警指导规程》，帮助企业构建与其海外经营战略相对应的专利风险预警机制。结合"双随机"建立商标代理机构信用分类监管制度，探索建立商标代理机构长效管理机制。

### 10.3.3 促进知识产权高效运用

一是提升企业知识产权战略运用能力。全面实施企业知识产权战略推进行动，扎实开展企业知识产权登峰行动计划等工作，促进企业优化知识产权战略发展规划，科学运用知识产权制度，通过知识产权并购、转让、许可、质押、股权投资、证券化等方式实现其市场价值。二是建立产业知识产权运营新模式。围绕人工智能、生物医药、高端装备等重点产业，探索建立产业知识产权运营体系，开展产业知识产权导航研究分析，明确产业创新发展方向、产业创新资源分布、产业创新发展路径，建立产业发展联盟，构建产业知识产权优势。三是培育高价值知识产权中心。实施高价值知识产权培育计划，鼓励企业、高校院所、知识产权服务机构紧密合作，在主要技术领域形成一批创新水平高、权力状态稳定、市场竞争力强、维持年限长的核心专利。推动具有自主品牌的地标性企业建设，培育一批市场覆盖面广、影响力大、经济价值高的知名商标。实施优秀版权培育计划，在软件、文化创意、影视动漫等产业领域形成一批版权精品。

### 10.3.4 提供知识产权优质服务

一是健全公共服务体系。依托国家知识产权局专利局专利审查协作江苏中心的信息和人才资源优势，全面服务苏州市经济社会发展。加快知识产权运营交易平台建设，切实提高平台运行成效。探索打造知识产权综合服务窗口，逐步实现基层服务全覆盖。二是完善知识产权全链条服务。实施知识产权服务业推进计划，深化国家知识产权服务业发展集聚示范区建设，指导江苏国际知识产权运营交易中心运行，支持和促进知识产权信息、金融、法律、运营、咨询、代理、培训等服务机构快速发展，引导和培育一批服务能力强、水平高、品牌响的知识产权高端服务机构。三是提升服务能力和水平。发挥知识产权服务业商会行业自律作用，积极推行知识产权服务质量管理规范标准，开展服务机构分级评价和信用评定活动，规范知识产权服务市场，提升服务水平。强化知识产权服务业执业培训制度，不断提高知识产权服务业从业人员的服务能力和业务素质。

### 10.3.5 着力推进人才队伍建设

知识产权人才是苏州市知识产权事业发展的短板，抢人才就是抢发展的先机和动力。一是提升企业家知识产权战略意识。抓牢企业家这个关键少数，从企业家需求角度，高质量设置培训课程，为苏州企业"一把手"进行知识产权战略定位、战略规划、战略实施、战略布局、战略应对等专业培训，精心策划、精心组织，营造口碑、打造品牌，真正用知识产权战略意识武装企业家。二是培育企业知识产权骨干人才。依托国家和省级知识产权培训基地，重点培养熟悉企业知识产权信息分析、战略规划、法律事务等专业知识的实务型人才，推进企业知识产权人才队伍的职业化、专业化，培养企业知识产权明白人和实干家。三是培育高层次专业服务人才。

围绕产业发展，大力引进和培养一批具有知识产权战略咨询、发展研判、价值评估等知识产权实务技能、熟悉知识产权国际规则和国际事务的高层次专业服务人才。

## 10.3.6 打造知识产权文化高地

一是加大宣传力度。面向全社会精心组织宣传活动，树立知识产权引领支撑创新的理念；面向企业重点围绕知识产权政策开展宣传，引导企业增强知识产权实力提高市场竞争力；面向社区、学校等通过党员活动日、知识产权教育试点等形式开展宣传，普及知识产权基础知识。二是营造社会氛围。充分发挥媒体舆论重要作用，开展丰富多彩的各类宣传活动，努力营造知识产权工作的社会氛围。三是加强专业培训。加强高层次知识产权人才培养力度，推进苏州市知识产权国家级、省级培训基地建设，组织好企业总裁、知识产权总监、知识产权工程师等人才培训，争取打造知识产权人才培训品牌。

# 10.4 苏州市典型案例

## 10.4.1 江苏国际知识产权运营交易中心

从 2015 年开始，苏州市正式启动江苏省知识产权运营服务平台筹建工作，积极争取省政府、省知识产权局和省金融办的支持和指导，先后完成了平台申请报批、开业准备以及开业验收等各项工作。2016 年 10 月 8 日，江苏国际知识产权运营交易中心有限公司（以下简称中心）在苏州高新区知识产权服务业集聚区正式注册成立。

自中心成立以来，围绕知识产权运营以及科技成果转化，积极探索"平台＋机构＋产业＋资本"四位一体的发展模式，整合工商信息、知识产权、法律诉讼等大数据资源，通过线上线下为创新创业企业、高校科研院所、知识产权服务机构、金融机构等提供包括知识产权管理、产权交易、投融资以及资源对接在内的一站式知识产权全链条服务。

2017 年，江苏省知识产权运营服务平台信息系统开始上线运行，385 余家企事业单位通过注册认证参与系统公测，授权发布可交易知识产权 2430 项。一年多来，中心积极开展科技企业海外专利布局实务培训和知识产权贯标内审员培训活动，受训人数近千人；组织完成苏州地区 400 多家企业知识产权贯标第三方认证审核和绩效评价工作。在知识产权金融服务方面，中心与交通银行、江苏银行、苏高新创投、聚创科贷等金融机构达成战略合作，共同推进知识产权质押融资业务；另外，中心与中国专利信息中心、知识产权出版社、国家知识产权局专利检索咨询中心、中国专利技术开发公司、西安军民融合试点平台、珠海横琴国际知识产权交易中心等单位签署了战略合作协议，在知识产权运营体系建设、资源互通和信息共享等方面探索合作。

基于大数据的平台信息系统上线运营以及全资子公司"苏州智谷资本投资有限公司"注册成立，标志着江苏省知识产权运营服务平台的顶层设计和总体布局已基本完成，线上服务初现雏形，线下服务持续推进，为后续的建设工作奠定了良好的基础。

### 10.4.2 苏州工业园区知识产权运营与服务中心

一是以微纳中试平台为载体，开展知识产权许可和孵化工作。微纳中试平台隶属于苏州工业园区纳米产业技术研究院有限公司，平台成立于 2013 年，总投资为 5 亿元，是苏州首家专注于微纳机电制造（MEMS）专业研发与代工的平台企业，目前有 30 余家客户，通过微纳平台与客户的通力合作，攻坚克难，先后量产了近 100 种产品。园区知识产权运营与服务中心以微纳中试平台为载体，围绕在微纳制造领域中掌握一部分自主知识产权、收储运营一部分知识产权、解决一些突出的知识产权问题、尽可能规避产品侵权风险的目标，园区知识产权运营与服务中心一方面加强自主研发，另一方面先后与美国先进的微纳制造方案提供商以及国内外的相关公司开展了一系列的技术活专利收储、专利托管等工作，通过各项专利运营工作的开展，切实地保障微纳中试平台和客户的安全运营，在此基础上，构建一定的知识产权壁垒，维持企业的竞争优势。二是积极与优质科研院所合作，促进产学研结合。园区知识产权运营与服务中心先后与牛津技术转移中心、哈佛大学韦茨创新中心、中国—以色列（苏州）大健康创新中心等机构签订了国际技术转移合作协议。三是结合中小企业需求，联合大型设计公司，促进产品落地。纳米领域的国内企业多为中小型企业，这部分企业在创新能力上具有一定的优势，但在产品制造、运营、产业链整合等方面相对有所欠缺，针对这个痛点，园区知识产权运营与服务中心利用纳米公司作为国有产业公司在纳米产业运营方面丰富的运营经验，将作为创意提供商的中小型企业与具有产品设计运营能力的大型产品设计公司整合在一起，从而最高效地促进技术落地，助力中小型企业快速发展。在这个合作过程中，一方面，通过服务中心的介入，提供专业的知识产权解决方案对项目占有一定的收益权，另一方面，针对优质的 IP 资源，通过投入一定的财力和人力对优质的 IP 进行运营，并取得收益。

### 10.4.3 中国科学院苏州纳米技术与纳米仿生研究所

中国科学院苏州纳米技术与纳米仿生研究所（以下简称苏州纳米所），于 2006 年筹建，经过 8 年多时间的草创、发展，建立了一系列的规章制度，特别是在促进成果转化、知识产权保护和运营方面，制定了相应的规范制度，包括《中国科学院苏州纳米技术与纳米仿生研究所知识产权管理办法（试行）》、《纳米所对外投资管理办法》、《横向课题管理办法》。

苏州纳米所多年来一直致力于专利运营模式的摸索、实践，经过多年的积累，确立了以技术转移为主要目的的专利运营模式和以专利运营为基础的技术转移思路，建所伊始即成立了研究所下设的独立的转移机构——技术转移中心，是与科技处等职能部门并列的专门负责研究科技成果产业化及技术转移的部门，统一管理研究所的专利申请、维护、管理及运营工作，并探索有效、实用的技术转移途径和机制，使知识产权管理和运营统一管理，将专利产出与转化运营无缝链接，由懂技术、法律、经济、知识产权、新闻传媒综合型人才组成的专业团队（参见人员部分）运营，在学习国外成熟的"大学技术转让（许可）办公室模式"的基础上，探索适合研究所特色的运营模式。

已开展专利运营工作主要包括以市场需求和产业发展为导向，围绕纳米产业链部署创新链，促进产业链和创新链的高度融合，建所以来已有近20项专利技术或专有技术通过自行实施、转让或许可等方式实现产业化，创立了产业化公司10余家，吸引各类投资额近5亿元人民币，纳米所科研成果实现近3000万元人民币的投资价值并创造就业岗位600余人，涉及技术领域包括纳米新材料、微纳加工技术、电子领域、环保领域等，涉及的运营对象包括社会资本（创投、天使基金等）、实业企业、个人以及服务机构等。

苏州纳米所积极探索专利技术和专有技术实施运营新模式，创建实施专利实施创新产业发展链条，通过整合政府、企业、社会及国内外各类资源，引导专利实施应用和转化，并在转移过程中既重视新兴产业的培育发展，也关注传统产业转型升级的技术需求，专利实施产业涉及半导体光电技术、显示技术、新能源、新材料、生物医药等技术含量高、对产业链影响大的前沿高技术领域，实现专利技术经济价值，为科技服务于经济发展、促进地方经济发展方式转变作出了较大的贡献。其典型案例如下。

（1）新型可穿戴柔性仿生触觉传感器专利技术的产业化项目。该技术2014年以三件专利包的独占许可方式许可5年至苏州能斯达电子科技有限公司，5年后根据项目进展可以继续许可，并以"许可费＋销售提成"方式进行回收收益。研究所除专利许可至该公司，还将提供技术支持、研发团队支持、研究所发明人团队以创业者身份进入公司等方式，继续参与技术的产业化开发及商业化，以保障专利技术可以顺利地进行技术转移转化。该技术与世界前沿科技同步发展，一旦产业化成功，在消费电子、军事、医疗健康乃至更为科幻的机器人"仿人体皮肤"等领域，电子皮肤技术都将带来革命性的突破，未来市场将突破100亿元。

（2）纳米光催化空气净化器项目专利技术许可。该技术2013年以专利独占许可方式许可至深圳市佳能宝节能环保科技有限公司，并提供技术支持，该技术与佳能宝现有技术结合，取得了良好的技术效果，产品的净化效率得到了大幅提高。该新专利产品 2013 年 6 月上市以后取得了良好的销售业绩，帮助企业提高产品附加值的同时，迅速提高了产品的市场份额，2014 年单项产品销售收入突破 1000 万元，取得了良好的经济和社会效益。

## 10.4.4　常熟紫金知识产权服务有限公司

自 2013 年常熟紫金知识产权服务公司（以下简称紫金公司）获批专利运营试点企业以来，在国家知识产权局、江苏省知识产权局、苏州市知识产权局、常熟市知识产权局和常熟国家高新区管委会等各级主管部门的带领与指导下，紫金公司积极开展专利运营工作，以促进高校专利成果转化、助力企业创新发展和产业转型升级为目标，搭建服务平台，整合高端服务机构资源，积极开展专利导航、专利交易、专利分析评议、专利成果转移转化、筹建知识产权运营基金等专利运营相关工作。

一是不断探索专利运营模式。（1）平台建设。近两年来，江苏省专利审查员实践基地、江苏省专利行政执法巡回审理庭、江苏省技术产权交易市场汽车及核心零部件行业中心成功落户广场，新增江苏省股权交易中心推荐商资质，是省内首家获得该资质的知识产权服务机构，将知识产权服务与技术转移、金融等要素深度融合，不断拓展平台功能，将知识产权融入科技创新体系中，加快知识产权价值实现速度，实现专利大运营。（2）机构引进。重点吸引知识产权服务各细分领域领先的服务机构入驻广场，打造各机构间良好信息分享和合作商业模式，形成合力，共同服务企业。中规认证（北京）有限公司、华智数创（北京）科技发展有限公司、江苏国际知识产权运营交易中心、广州奥凯信息服务有限公司、北京大成律师事务所签订广场入驻协议。（3）基金筹设。积极参与筹划设立常熟市知识产权运营基金，基金拟作为江苏建泉知识产权服务基金子基金，打通"知识产权—产业化—市场化—资本化"的实现路径，培育具有核心自主知识产权的行业龙头企业，由此带动整个常熟乃至周边相关产业链转型升级，并培育优秀运营团队，力争打造一支省内外知名的集法律、金融、技术、知识产权于一体的基金运作团队，为地方知识产权与科技金融结合提供支撑。（4）服务平台。常熟市知识产权服务广场包括"五区一基地一审理庭"，"五区"指：维权援助区、质押融资区、运营服务区、中介服务区、培训服务区；"一基地"指：国家知识产权局专利审查员实践基地；"一审理庭"指：江苏省知识产权局专利执法大队巡回审理庭。公司在平台建设中肩负两项任务：一是作为服务平台"全链条服务"中的重要一环，一端抓高校、科研院所、企业的专利收储与托管，一端抓专利运营及产业化，将科技成果转化上下游链条纵向贯通；二是负责广场的招商、管理、运营、服务工作。形成服务机构之间共赢的商业模式，建设平台科技与知识产权的全链条服务，打造全产业服务生态体系。

二是不断丰富专利运营内容。最基础的专利运营包括专利信息运用和专利权运用。公司围绕专利运营服务产品包括：专利信息运用相关的专利信息的检索分析实现专利导航技术研发，专利预警侵权风险，以市场为导向的专利布局，挖掘专利申请点保护核心技术等服务功能；专利权运用相关的通过许可、转让、二次开发、协同运用、产业化实施等方式实现盘活专利资产的服务。另外将专利运营与资本的结合，激发专利价值。区域股权交易市场是为特定区域内的企业提供股权、债券转让和融资服务的私募市场，是公司规范治理、进入资本市场的孵化器，也为股份公司股权转让提供交易场所。2017年常熟紫金知识产权服务有限公司成为江苏股权交易中心成长板推荐机构，目前推荐的5家企业都已成功挂牌成长板，为满足广大中小企业进一步的股权、债券转让和融资等需求，拓宽了渠道平台。到目前为止，通过平台累计达成专利交易120件，成功推荐5家企业在江苏省股权交易中心挂牌。

## 10.4.5 张家港康得新光电材料有限公司

张家港康得新光电材料有限公司（以下简称康得新光电公司）是康得新复合材料集团（股票代码：002450）的核心单位，公司在张家港建设了全球规模最大、唯一全产业链、全系列光学膜产业集群。2017 年康得新光电公司营业收入近 80 亿元，光学膜产品利润率超 30%，利税总额超 23 亿元，增亮膜市场占有率超 25%，3D 显示膜市场占有率 90% 以上，自主研发的全球首条卷绕式大宽幅高性能封装阻隔膜生产线 2017 年成功投产，窗膜市场占有率超过 3M 公司。

康得新光电公司是国内排名第一的全球光学膜材料行业领导企业、中国裸眼 3D 光学技术应用孵化基地和中国裸眼 3D 总体标准编制组长单位，主导行业或地方标准 3 项以上，公司主持完成"863"计划、国家火炬计划、国际科技合作、国家电子信息产业振兴技术改造专项等项目，建有江苏省工程技术研究中心、省企业技术中心、省博士后创新实践基地和省研究生工作站。

康得新光电公司设有知识产权部，知识产权专职人员 20 人，17 人拥有专利代理资格证，6 人拥有法律职业资格证。知识产权工作包括构建专利地图、专利数据库、产品专利风险分析、专利挖掘、专利检索、专利申请布局、合同审核、商标管理等知识产权事项，制定并实施几十项知识产权制度，建立符合公司运营需要的企业知识产权体系并获得中规认证。近三年专利申请量与授权量每年均以 50% 的速度增长，2017 年专利申请量近 300 件。这两年公司承担苏州市知识产权登峰计划和省级知识产权战略推进计划等知识产权项目，在知识产权管理体系、机构、人员等方面已经积累了丰富的实践经验。

康得新光电公司始终高度重视专利运营工作，根据企业发展规划与行业前景积极探索多样化的专利运营方式，不仅为公司带来良好的经济效益，全面提升竞争力，确保了公司的行业领先地位，为公司下一步发展奠定了坚实的基础。

（1）通过专利运营打破技术壁垒。

公司知识产权部在增亮膜研发前期的调研中，发现生产相关产品所必须的关键技术为日本 DNP 公司专利所覆盖，为避免发生侵权纠纷及开发新产品需要，2013 年康得新光电公司取得日本 DNP 公司的增亮膜专利许可，许可年限为专利期满，相关技术在近 20 款增亮膜产品中使用，已累计产生利润 5 亿元，纳税 1.6 亿元，为公司带来了良好经济效益。

裸眼 3D 显示是公司战略布局的关键领域之一。投资立项时，通过对全球裸眼 3D 显示领域相关专利的分析，发现荷兰皇家飞利浦公司是该项技术的早期研发者，围绕该领域关键基础技术拥有大量专利，任何进入该技术领域的公司都无法规避荷兰皇家飞利浦公司的专利壁垒。从规避知识产权风险及降低研发难度的角度出发，公司于 2014 年与荷兰皇家飞利浦公司签订第一轮专利及技术秘密许可协议，获得了近 700 项专利及技术秘密的许可。该项专利许可协议的签署，帮助康得新光电公司在裸眼 3D 显示领域的研发工作快速起步，并实现快速发展。2017 年，康得新光电公司与荷兰皇家飞利浦公司进行第二轮专利许可谈判，并最终签订了共建专利池的协议，康得新光电公司成为全球智能高清裸眼 3D 行业领导者。

（2）通过专利运营提升综合实力。

为不断提升企业研发能力，确保行业领先地位，公司知识产权部门构建专利地图，对领域内专利实时分析，通过专利运营手段了解行业发展方向，通过公司并购和技术引进的方式，聚拢一大批技术人才，彻底打通产品研发设计、生产制造工艺、设备开发等全部流程环节，夯实了产业化基础，一是在技术研发方面，2015 年收购荷兰 Dimenco 公司，配合张家港康得新团队继续攻克裸眼 3D 显示技术的核心问题并开展下一代 SR 光场显示的研发工作。二是在生产工艺方面，2014 年收购了台湾原创纳米科技公司，获得其拥有的 47 项中国台湾地区、日本、韩国及美国专利，解决元器件量产过程中遇到的工艺、材料、设计和测量有关的各种技术难题。不仅如此，通过该公司原 CEO 林明彦博士介绍，公司建立了与台湾交通大学的合作关系，成功解决了 2D/3D 可切换式显示模组应用到手机产品时遇到的困难。三是在软件开发方面，2014 年收购了上海玮舟科技公司，负责裸眼 3D 显示的驱动、软件算法、3D 拍摄等环节的开发，构成康得新裸眼 3D 显示技术全套解决方案，进一步增强相关产品的市场竞争力。通过以上并购及技术引进，加速产品技术开发，公司已在裸眼 3D 显示技术上申请 200 余项专利，专利族群式保护初步形成，公司研发技术实力大幅提升。

（3）专利运营考虑"性价比"。

通过对专利的权利范围、专利的稳定性、技术匹配度、关联专利的转让情况、转让费用等进行分析，可以有效地评估专利对企业发展的价值，对专利收购、许可等活动起到指导作用。2017 年，公司知识产权部对浙江大学拥有的 6 项 3D 影像处理专利进行细致评估后，认定这些专利属于价值不高的外围专利，而价值稍高的关联专利已在早前转让给竞争对手，故公司决定放弃此 6 项专利的竞买，避免造成公司财务不必要的浪费。

以上是康得新光电公司在专利运营工作上的一些探索和实践，总结近几年来的专利运营工作，企业应该根据所处的不同发展阶段选择相适应的专利运营方式。对于初创型企业，其专利运营可侧重于专利申请、专利布局；当该企业进入产品市场阶段，为降低产品风险，需要考虑专利许可或转让；当企业成长为行业龙头公司，需要设计专利组合、质押融资、股权投资；当企业发展到产业阶段，应当积极考虑构建专利池、参与技术标准、许可转让谈判。结合康得新光电公司自身来看，目前尚处在技术研发的积累阶段，与专利有关的运营工作仍以专利技术引进为主，此阶段公司以企业发展经营需要为宗旨，以自身财务为边界，以优质稳固的专利权为基础，以有效的匹配为条件，以支持公司和产业发展为最终目标，继续踏实地做好知识产权工作，同时积极开展针对后续产品的核心技术及关键工艺设备的知识产权布局工作，通过专利运营增强康得新光电公司在行业中的竞争力，逐步提升自身在产业中的地位。

## 10.4.6　昆山维信诺科技有限公司

昆山维信诺科技有限公司（以下简称维信诺）是基于清华大学有机发光显示器（Organic Light Emitting Display，OLED）技术成立的，集 OLED 自主研发、规模生产、市场销售于一体的高科技企业，是中国大陆第一家 OLED 产品供应商。昆山工研院新型平板显示技术中心有限公司（以下简称昆山平板显示中心）和昆山国显光电有限公司（以下简称国显光电）分别作为维信诺 AMOLED 项目的研发单位和 AMOLED 产业化项目实施的主体单位，一直致力于 AMOLED 和柔性 AMOLED 显示屏的研究，尤其是近年来在柔性 AMOLED 显示方面取得了多项突破性成果。

作为以 AMOLED 研发和产业化为发展方向的新型显示领域高科技企业，维信诺通过对公司知识产权资产组合的创造、管理、保护、运用，提供适应公司发展阶段的知识产权解决方案，支持和推动公司在显示领域构建行业领导力和实现战略利益。具体如下。

（1）创新成果保护体系。

为了使公司的自主知识产权得到及时有效的保护，维信诺建立了一系列的相关制度，包括：《知识产权管理制度》、《专利检索分析制度》、《创新思路评审制度》、《国际专利申请评审制度》、《创新思路评审委员会工作制度》、《技术创新奖励制度》、《专利权维持放弃评估制度》、《专利流程管理制度》、《商标管理制度》、《著作权管理制度》、《技术秘密管理制度》等。以上制度在维信诺已运行多年，产生了积极有效的成果；在专利申请方面，在保证专利数量的同时对质量也有严格把控，即采用了专利包的高效布局模式，同时针对核心专利进行外围部署，全球化布局，形成专利集群实施保护，形成行业领先的专利资产包，提升了公司专利集群的整体质量，有利于赢得市场抢占先机，提升产品竞争力。

这些管理制度较好地规范了公司知识产权工作流程和各部门、人员的职责，使知识产权各项工作有人负责、有文件可依、有程序可执行，提高了知识产权工作效率与可操作性。通过上述制度的约束和工作方法的指导，技术人员保护创新的意识得以提高。为了保证专利质量，专利申请工作要求围绕重点技术方向开展高价值专利布局，知识产权团队、技术团队、外部代理三方协作，针对重点技术方向开展检索分析和专利规划，并在此基础上深入开展专利挖掘和布局。

（2）知识产权风险预警机制。

为了促进公司核心技术和关键产品创新并形成自主知识产权，及时有效地维护企业利益和最大限度减少损失，维信诺建立了知识产权风险预警机制，其中包含的制度或标准文件有：《产品知识产权风险管控方案》、《被侵权专利识别方案》、《供销环节的知识产权风险管理方案》、《展会知识产权风险管控方案》，主要涉及了公司产品知识产权风险管控、公司被侵权专利识别、供应链风险管理、展会风险管理等几方面，在实际工作中，风险预警工作还包括了对竞争对手专利的持续监控解读，形成专利数据库，识别风险专利，为研发部门提供专利布局方向；同时公司还与多家国内外知名律师事务所进行交流合作，共同探讨国内外诉讼案例信息，提升公司知识产权应对专利纠纷的能力。

（3）知识产权交易运营体系。

根据公司的发展规划，维信诺建立了知识产权交易运营团队，通过对市场上现有专利的摸底、排查、确认和谈判，补充公司关键技术专利储备，避免未来产业的潜在风险；通过对公司现有专利资产的梳理确认，购买公司难以克服的技术问题所涉及的专利资产，从运营的角度形成风险防范，为公司的产品快速稳健地进入市场打下一定的基础；通过对持有专利资产评估，进而通过专利交易、专利许可以及专利资本化等商业运营途径，促进专利价值提升。

（4）流程费用管理体系。

为配合知识产权工作，公司建立专利流程费用管理体系。首先划分业务职责，设置专人专岗；其次从项目挖掘、研发人员提案、提案评审、案卷管理、发明奖励、文件管理、费用管理、数据管理等方面建立相应制度和 SOP，每块业务管理清晰；最后引入专利管理系统并嵌入专利管理的全流程，实现全智能化操作。流程费用体系的建立，一方面，持续优化各业务工作，节约工作时间，提高工作效率；另一方面，提高了工作的准确性、降低了异常的几率，保障了公司的资产稳定。

（5）知识产权相关培训体系。

维信诺每年都会针对知识产权内容制订严格的培训计划，培训主要分两种，一种是由知识产权部门对技术人员和管理层的培训，一种是知识产部内部加强专利能力提升的内部培训。其中已经对技术人员培训过的内容包括：专利基础知识介绍、专利挖掘方法、创造性的判断方法、技术交底书的撰写方法、专利获权条件、专利侵权判定等，通过一系列的知识产权相关培训，使技术人员增进了对专利的了解，提升了知识产权保护意识。

（6）其他相关建设。

维信诺有专门的知识产权部门，部门自2009年成立，目前团队共有25人，负责集团知识产权事务。

公司每年会根据公司的整体战略并结合企业核心发展目标，制定知识产权战略及近三年的战略及工作规划。

设置专项的工作经费，公司每年都会在国内外专利申请及维护、展会风险管控、专利风险管控、专利数据库建设费、商标管理和发明人奖励等模块设立专项费用。

# 第11章

# 成都市知识产权运营服务体系建设

2017 年，在国家知识产权局的指导和支持下，成都市坚持把创新作为引领发展的第一动力，把知识产权作为城市创新发展的核心要素和关键环节，高度重视发挥知识产权对供给侧结构性改革的制度供给和技术供给双重作用，创新要素供给，培育具有"蜀"味的原创 IP 经济，打造知识产权产业生态圈，努力走出一条质量更高、效益更好、结构更优的发展新路，有力支撑了全面体现新发展理念的城市建设。成都市专利权质押融资模式纳入全国 13 条改革创新经验推广，专利权质押融资模式、放宽专利代理机构股东条件限制改革、职务科技成果混合所有制改革、科技创新券模式等四条经验纳入全省首批 21 条改革创新经验推广。2017 年 6 月，成都先后获批国家知识产权强市创建市和国家知识产权运营服务体系建设重点城市，成为同时入围的三个副省级城市之一和西部唯一的国家知识产权强市创建市。2017 年 12 月，成都市入选中小企业知识产权战略推进工程试点城市。

## 11.1 成都市知识产权工作基本情况

（1）知识产权创造量质齐升。2017 年，成都市专利申请量 113956 件，发明专利申请量 47033 件，分别增长 16% 和 19.1%，分别占四川省申请量 68%、73%。有效发明专利 30519 件，同比增幅 21.1%，占四川省有效发明专利数量 69%，万人有效发明专利为 19.2 件，同比增幅 20%。

（2）知识产权保护工作亮点突出。采取委托执法、联合执法的方式，着力打造"全域成都"的专利行政执法网络。自开展委托执法以来，成都市共调解、查处各类知识产权纠纷案件468件，同比增长300%。开展电商领域"闪电"专项行动，切实加大电商领域专利案件办案力度，首次办理电子商务领域专利执法案件40件。

## 11.2 成都市知识产权运营情况

（1）设立专项补偿资金，促进质押融资工作开展。

设立规模为3.73亿元的知识产权质押融资风险补偿专项资金，建立了"增信＋分担＋补偿"知识产权融资创新机制，通过风险补偿资金帮助轻资产的科技型中小微企业进行增信，同时对银行等金融机构开展科技型中小微企业贷款进行风险分担和补偿。截至目前，已引导10个区（市）县政府、17家银行、2家担保公司、1家保险机构等金融机构联合建立起信贷资金规模达50亿元的科技型中小微企业知识产权债权融资风险资金池，财政资金放大杠杆达13.4倍。创新开发"科创贷"知识产权金融产品，为科技型中小微企业和创业团队提供最高1000万元的知识产权质押融资贷款。2017年，为成都市各类科技型中小企业提供知识产权质押贷款2亿元。

（2）搭建服务平台，构建质押融资服务新机制。

以成都生产力促进中心为载体，组建专业化服务团队，按照政府推动、专业管理、市场运作的方式，推动建设"科创通"综合性知识产权金融服务平台，发挥平台的整合资源、汇聚信息、专业服务等功能，吸引国内外知名金融服务机构聚集并在成都市开展服务，打通知识产权金融服务的"最后一公里"。截至目前，平台聚集创新创业载体260家、各类投融资机构128家，提供220个知识产权金融服务产品，开展了系列活动240场次，累计为超过26000余家创新型企业（团队）提供各类投融资服务，已初步形成可为科技型中小微企业提供覆盖不同生命周期阶段全链条、精准化的知识产权金融云服务。

（3）设立投资引导资金，促进质押融资"投贷联动"。

设立规模为 2.3 亿元的天使投资引导资金，围绕成都市战略性新兴产业领域和企业发展的中早期阶段方向，采取"政府引导、专业化管理、市场化运作"的方式，联合社会资本共同出资设立天使投资基金，为科技型中小微企业知识产权转移转化和运营提供股权投资支持。截至目前，已引导各类社会资本组建 14 支天使投资基金，组建基金总规模 12.4 亿元，财政资金放大杠杆达 5.4 倍。通过天使投资引导投资科技型中小微企业 67 家，投资总额 4.84 亿元，投资的成都广达电子、四川泉源堂药业、成都三加六等12 家科技型中小微企业成功登录全国中小企业股份转让系统（新三板）挂牌融资。同时，成都市利用中央、市 3 亿元财政资金，引导设立不低于 20亿元的成都知识产权运营基金，还出资 3000 万元与省财政及其他社会资本共同组建规模达 6.8 亿元的四川省知识产权运营投资基金，推进知识产权运营体系建设。

## 11.3 成都市主要经验

（1）围绕知识产权创造，不断深化知识产权领域改革。

继续推广高校院所以知识产权为核心的职务科技成果权属混合所有制改革。继续深化以知识产权为核心的高校院所职务科技成果权属混合所有制改革，成立职务科技成果"三权"改革联盟，大力推广"早分割、早确权、共享制"改革经验，形成协同推进、抱团突破的工作局面。在此改革措施的激励下，以院士为代表的科技工作者被激发，积极创新创业，过去"东南飞"的项目也在成都市就地转化。

（2）围绕经济高质量发展，不断完善政策体制机制。

配套出台了《关于创新要素供给培育产业生态提升国家中心城市产业能级知识产权政策措施的实施细则》（简称"成都知识产权十条"），制定《成都市知识产权资助管理暂行办法》，着眼加快构建具有国际竞争力和区域带动力的现代产业体系，发挥知识产权制度的激励保护功能，在推动知识产权资源合理布局，促进新技术、新产业、新业态、新模式、新组织蓬勃发展的知识产权政策体系方面进行了探索和创新，由原来侧重于知识产权创造，转变为涵盖知识产权创造、运用、管理、保护和服务的全链条，支持力度居全国城市前列，引起了社会各界的广泛关注，基本构建了适应成都创新发展、体现国内一流水平的知识产权政策体系。

（3）围绕营商环境优化，着力构建知识产权大保护格局。

出台《成都市专利行政执法管理办法（试行）》，制定《专利行政执法责任书（委托书）》，采取委托执法、联合执法的方式，着力打造"全域成都"的专利行政执法网络。推动签订《成都平原经济区知识产权运营区域合作框架协议》，在体制机制改革创新、金融支撑、运营转化、知识产权保护等全方位、多层次、全链条的互助合作，初步构建区域合作、有机衔接、相融互补的知识产权大保护体系。成都市人民法院、知识产权、工商、版权等职能部门联合印发了《关于构建知识产权民事纠纷调解衔接机制的意见（试行）》，明确知识产权民事纠纷司法审判与行政调解工作衔接的相关内容，积极参与司法与行政部门间知识产权民事纠纷"大调解"。积极配合市检察院，认真做好行政执法与刑事司法信息共享平台运行相关工作，积极推进跨区域专利行政执法。

（4）围绕产业生态圈建设，提升知识产权服务能力。

推动国家知识产权运营公共服务平台成都中心落户成都天府新区。设立不低于20亿元的知识产权运营基金，吸引中诚资本、中航基金等具有央企背景、实力雄厚的公司参与组建基金管理公司，加快培育知识产权运营机构、推动知识产权运营项目，发展成都知识产权运营服务新业态。在郫都区菁蓉镇推动建设国家双创示范基地知识产权转移转化平台，打造知识产权交易运营系统、投融资系统、综合应用服务系统、重点产业辅助服务系统、运营管理系统等五大系统，进一步打造和优化区域创新创业生态圈，助推产业转型升级。

## 11.4 成都市典型案例

### 11.4.1 知识产权质押融资新模式，推动企业快速成长

实施"银政担"、"银政"、"银政保"等"多方协同、风险共担"三种知识产权质押融资创新模式，为不同发展阶段的科技型中小微企业提供多梯度的知识产权质押融资服务。如"银政"模式主要聚焦成长期科技型企业，可提供最高 1000 万元的知识产权质押融资贷款，"银政担"模式和"银证保"模式主要聚焦初创期科技型企业，分别提供最高 500 万元和 300 万元的知识产权质押融资贷款。目前，通过"银政"模式，已为大邑县天邑通信公司提供知识产权质押贷款 1000 万元，加速了企业的成长进程。

### 11.4.2 天使投资，推动在蓉企业挂牌上市

设立规模为 2.3 亿元的天使投资引导资金，联合社会资本共同出资设立天使投资基金，为科技型中小微企业知识产权转移转化和运营提供股权投资支持。通过天使投资引导投资科技型中小微企业 67 家，投资总额 4.84 亿元，在基金投资及增值服务帮助下，天使投资基金投资的成都广达电子、四川泉源堂药业、成都三加六等 12 家科技型中小微企业成功登录全国中小企业股份转让系统（新三板）挂牌融资。

# 第12章

# 长沙市知识产权运营服务体系建设

2017 年，长沙成功跻身全国知识产权运营服务体系建设 8 个重点城市行列，知识产权运营服务体系建设驶入快车道。

## 12.1 长沙市知识产权工作基本情况

2017 年 12 月，长沙市率先全国省会城市实现专利权、商标权、著作权（版权）行政管理"三合一"，长沙市知识产权局职能主管全市专利、商标和版权工作，统筹协调全市知识产权和打击侵权假冒工作。2012 年，长沙跻身全国首批国家知识产权示范城市；2017 年，长沙先后获批国家知识产权强市创建市（全国 10 个）、知识产权综合管理改革试点城市（全国 6个）、国家重点产业知识产权保护中心建设城市（全国首批 4 个）、知识产权运营服务体系建设重点城市（全国 8 个），成为全国唯一实现国家 4 项改革创新工作集成式落地的城市；长沙市知识产权局于 2011 年、2016 年连续两次荣获人力资源社会保障部和国家知识产权局授予的"全国专利系统先进集体"称号。

（1）整体创造能力明显增强。

长沙市委、市政府将发明专利申请纳入了全市党政领导班子绩效考核内容，进一步完善了知识产权资助政策，建立了区县（市）、园区、高校、代理机构专利申请、授权情况定期通报机制，有效激发了全市创新活力。截至 2017 年 12 月，全市累计申请专利 206786 件，获得专利授权 116663

件，授权率达 56.42%；拥有有效发明专利 20701 件，万人有效发明专利拥有量达 27.08 件，高出全国平均数 17.28 件、全省平均数 21.98 件，居全国省会城市第六位；有专利申请的企业达到 8244 家，其中规模以上工业企业占比达到 40% 以上；2011—2017 年，全市 PCT 申请为 1319 件。2017 年，全市申请专利 37050 件，其中申请发明专利 18048 件，同比分别增长 24.50%、30.82%；获得专利授权 17170 件，其中获得发明专利授权 4873 件，同比分别增长 14.77%、15.61%；PCT 申请为 103 件，同比下降 20.77%。2017 年，全市作品登记量 4046 件，占湖南省登记量的 88%；全市商标注册量 5096 件，在全国 105 个窗口中排名第三位。

（2）立体保护格局初步形成。

积极推动建立知识产权大保护体系。2014 年，长沙市政府出台了《关于进一步加强知识产权保护工作的意见》；2017 年，市委、市政府出台了《关于加强知识产权保护与运用支撑长沙创建国家中心城市的实施意见》，并率先全国发布了"知识产权保护 12 条"，设立了长沙知识产权保护中心、长沙知识产权法庭、长沙市知识产权检察局和长沙市公安局知识产权犯罪侦查支队，实现了知识产权保护机构、队伍的专业化。同时，组织公安、检察、法院、公证、仲裁等集中派驻中国（长沙）知识产权保护中心，建立了知识产权保护一站式服务平台。切实加大知识产权执法力度，近三年累计立案查处假冒专利案件 1668 件，调处专利、版权纠纷案件 427 件，为 64 家企业提供知识产权维权智力和资金援助，2017 年长沙市专利行政执法工作、维权援助工作均排名全国城市第一位，并荣获"全国打击侵权假冒工作先进集体"。

（3）综合运用机制不断完善。

建立了全国专利技术（长沙）展示交易中心、湖南省知识产权交易中心、湖南省高校知识产权运营服务中心、"节目购"视频版权交易中心等知识产权运营平台。设立了首期规模 1 亿元、总规模为 3 亿元的重点产业知识产权运营基金，扶持长沙市电子信息、新材料产业发展。以全国知识产权投融资服务试点城市为契机，联合驻长银行实施知识产权投融资服务"金桥工程"，探索形成了以风投与社会资本直接投资为主、知识产权质押担保与反担保融资并存的知识产权投融资工作"长沙模式"。出台了知识产权质押融资贴息和补助政策，对企业知识产权质押贷款给予最高50%、总额30万元以内的贴息支持，2013—2017年市本级累计发放知识产权质押贴息补助金额1023.67万元。长沙高新区建立了4000万元的知识产权质押融资风险补偿金，最高承担70%的信贷风险，为金融机构解除了后顾之忧。围绕长沙战略性新兴产业实施专利导航项目18个，有效地导航了长沙产业发展。

## 12.2 长沙市知识产权运营情况

近年来，长沙市积极创新工作举措，探索知识产权运营路径和方法，取得了初步成效。

（1）质押融资大幅增长。2013—2017年，长沙市促成106家企业运用近698件专利实现质押融资177595万元，年均增长116.83%，总额占湖南省的50%以上；其中，2017年实现专利质押融资73728万元，同比增长71.94%；实现商标质押2820万元，拓宽了知识产权质押新路径。圣湘生物有限公司以39项专利技术成功质押融资40000万元，成为长沙市开展专利质押融资以来最大的一笔融资；兴嘉生物有限公司多次运用专利质押实现融资，破除了企业发展的资金瓶颈。

（2）转化运用初显成果。湖南省知识产权交易中心2016年正式运行以来，促成30个项目成功合作，200余项知识产权实现交易2.43亿元，其中最高一笔交易金额达4000万元；"节目购"目前的合作电视台已达400多家，汇集了全国318档节目，拥有7大节目类型、16万小时节目时长，每天的交易量超过1000笔，交易额达1000万/月。2017年实现著作权交易79010.84万元，成为名副其实的视频版权"淘宝网"。

（3）许可交易日趋活跃。据不完全统计，2013—2017年，全市实施专利许可923项，许可金额18467.07万元。据对11所重点驻长高校调查，其中5所高校实施专利转让205项，转让金额达43830.98万元。中南大学周宏灏院士团队发明的精准医疗和个体化用药领域的 7 项发明以 2.2 亿元专利转让费转让给上海一公司，成为高校知识产权成果转化的典范；中南大学赵中伟教授团队发明的"电化学脱嵌法从盐湖卤水提锂" 3 项专利以独占许可方式实现收益 10480 万元；中民筑友打造五大核心技术专利包，估值高达 5.74 亿元，并以此对外实施专利许可实现收益近 7000 万元。

## 12.3　长沙市主要经验

（1）坚持科学谋划，统筹协调推进。

在组织机构方面，长沙市人民政府明确由市长担任组长的市知识产权和打击侵权假冒工作领导小组全面统筹协调知识产权运营服务体系建设工作，及时协调解决工作中出现的各类问题。在资金保障方面，明确市财政和区县市园区分级配套，切实保障项目实施，目前已确定 2018 年整体资金预算安排。在政策体系方面，按照实施方案进行梳理、出台专项政策文件，确保每一个项目、每一笔资金有政策依据、按程序拨付，目前已制定专项资金管理办法、高价值专利组合培育方案、企业知识产权托管工作方案、知识产权质押融资贴息补助办法、知识产权密集型企业培育管理办法、知识产权立体保护包培育方案等一系列政策文件，知识产权运营服务体系建设政策体系初步成型。

（2）紧扣职能定位，搭建服务平台。

把搭建知识产权运营服务体系平台作为政府的主要职责。一方面，针对驻长高校知识产权转化问题，结合岳麓山大学科技城建设，继续抓好湖南省高校知识产权运营中心的功能完善、升级改造，探索高校知识产权转移转化长沙模式；针对长沙版权产业发展态势，加大对"节目购"视频版权交易平台的支持力度，提升质量，扩大影响，致力打造享誉国内外的视频版权"天猫商城"。另一方面，利用全市政务云建设契机，建设知识产权公共信息服务平台，为全市打造一个集知识产权数据资源、知识产权政务服务于一体的精准、高效服务综合体；结合长沙建设智能制造中心要求，建设长沙智能制造知识产权运营中心，重点支持智能制造产业发展；融入市委市政府中心工作，启动马栏山文创产业园视频版权交易平台建设，为"北有中关村、南有马栏山"注入知识产权动力。

（3）建立市场机制，发挥资本作用。

为充分发挥资本在知识产权运营服务体系中的重要作用，长沙市知识产权局一方面是运用股权投资方式支持产业发展，拟出资5000万元，撬动更大规模的社会资本参与，支持一批具有知识产权优势和良好发展前景的企业发展壮大。另一方面是建立知识产权质押融资风险补偿资金，运用财政资金杠杆作用，带动银行资金投入知识产权质押融资，构建由政府、银行、担保机构、保险公司和其他社会机构共同参与的多元化知识产权质押融资风险补偿和分担机制，降低质押融资风险，促进质押融资增长，破解中小企业融资难题。

（4）聚焦产业特色，引领经济发展。

结合长沙产业，推出了系列项目：一是围绕长沙产业链布局高价值专利。针对长沙重点发展的22个产业链，长沙市知识产权局部署了15个左右产业链专利导航项目，并拟以此为基础，培育30个左右高价值专利组合，引领长沙产业向高端化发展。二是依托工业园区培育优势型企业。培育5个以上知识产权密集型产业、3—5个知识产权集聚园区，培育100家知识产权密集型企业，推进200家企业实施"贯标"，开展2000家中小微企业知识产权托管服务，并充分发挥长沙知识产权行政管理"三合一"优势，培育10个左右涵盖专利、商标、著作权在内的知识产权立体保护包。

# 第 *13* 章

# 西安市知识产权运营服务体系建设

近年来,西安市通过实施知识产权战略,努力构建和完善知识产权服务运营体系,增强城市自主创新能力,凝聚资源、加大投入,狠抓落实、创新发展,知识产权创造、运用、保护、管理、服务、人才培养等综合能力显著提升,极大地推动了西安市知识产权事业的发展。先后入围国家知识产权强市建设创建城市、知识产权运营服务体系建设试点城市、知识产权质押融资试点城市,并获得"国家知识产权试点示范城市工作先进集体"、"全国知识产权系统和公安机关知识产权执法工作成绩突出集体"等荣誉。

## 13.1 西安市知识产权工作基本情况

2017 年,西安市专利申请 81110 件,其中发明专利申请 40439 件,专利授权 25042 件,发明专利授权 7902 件,发明专利有效量 29759 件,万人发明专利拥有量达到 34.2 件。从上述专利数据来看,西安市发明创造的能力、质量和结构明显提升。

## 13.2 西安市知识产权运营情况

国家财政部的知识产权运营资金下达后,西安市按照 1:1.5 的配套投入,成立知识产权运营引导基金和知识产权运营服务体系建设资金,设立总额 3 亿元的知识产权运营引导基金，计划吸引和撬动社会投资 10 亿—15 亿元；设立总额 2 亿元的财政知识产权运营服务体系建设资金，为知识产权强市建设、运营服务体系建设等整体性工作提供了坚实的保障。

下一步工作中，西安市将按照国家知识产权服务运营体系建设的总体要求，严格落实实施方案和经费使用规定，扎实推进知识产权密集型产业培育、高价值知识产权培育和运营试点、优秀知识产权服务机构培育、知识产权金融服务促进、知识产权人才培养等重点工作，全面提升城市知识产权的工作水平，努力打造知识产权服务运营体系建设的新亮点。

## 13.3 西安市主要经验

### 13.3.1 健全管理体系，推进知识产权整体布局

为加强对运营服务体系建设的组织力量，西安市知识产权局（科技局）对内设机构进行较大调整，成立科技金融与知识产权运营处，并在科技成果处原来职能基础上，增加专利市场交易统计职能，加强以专利转化为核心的科技成果转化，市级知识产权管理机构的力量得到了加强。加强区县知识产权管理机构建设和知识产权示范园区建设，提升区县和开发区的知识产权管理水平，雁塔区、碑林区等六个区县被批准列入国家和省实施知识产权强县工程区县，雁塔区、碑林区、户县成立了知识产权局。

### 13.3.2 完善政策措施，强化运营服务体系建设保障水平

西安市着眼城市发展的现实需求和长远目标，努力提升知识产权服务运营保障水平，不断完善政策措施，先后出台了《西安市国家知识产权强市创建工作方案》、《西安市知识产权运营体系建设实施方案》、《西安市专利资助办法》、《知识产权强市及服务运营体系建设专项资金管理办法》、《加强知识产权运营服务体系建设的实施细则》等系列文件。同时，持续增加知识产权财政投入，五年来，市级知识产权财政投入从 2013 年 4399 万

元，增长到 2017 年 15004.64 万元，全面推动专利创造、质押融资、专利信息利用、执法保护、宣传培训和知识产权试点示范等工作。国家知识产权局知识产权服务运营资金下达后，西安市按照 1∶1.5 的配套投入，成立知识产权运营引导基金和知识产权运营服务体系建设资金，设立总额 3 亿元的知识产权运营引导基金，计划吸引和撬动社会投资 10 亿—15 亿元；设立总额 2 亿元的财政知识产权运营服务体系建设资金，为知识产权强市建设、运营服务体系建设等整体性工作提供了坚实的保障。

### 13.3.3　围绕工业强市战略，扎实推进知识产权密集型产业培育工作

按照国家知识产权密集型产业目录，围绕西安市重点产业和支柱产业，开展知识产权密集型产业培育工作，制定出台了《西安市知识产权密集型产业工作指引》，联合陕西省知识产权局，加大支持力度，2017 年度优选 12 个产业，投入资金 3000 万元。计划用三年时间，通过开展产业调查、产业导航、知识产权优势企业培育、专利信息分析、贯标、高价值专利培育等重点工作，培育 300 家知识产权优势示范企业，引领一批主导主业产业和战略性新兴产业做强做大，为西安工业强市战略提供有力支撑。扎实推进贯标工作，加大支持力度，形成省市政策叠加，在征集的 325 家企业中，优选 215 家企业开展知识产权管理贯标工作。目前，西安市企业知识产权管理体系审查员队伍不断壮大，已有内审员 230 余人，外审员 52 人，累计获得认证的企业 49 家。贯标工作的开展，促进了科技型企业的知识产权意识明显提高。

### 13.3.4　开展质押融资服务，为企业融资发展提供有力支撑

近年来，西安市不断完善政策体系，先后出台了《西安市科技金融结合信贷业务资金管理办法》、《西安市科技保险补贴资金使用管理暂行办法》和《西安市扶持小微企业创业创新担保基金管理办法》等八项政策，通过理顺风险分担机制，创新金融产品，约定专利融资实物，完善知识产权金融工作服务平台，探索创新知识产权质押融资机制和模式，落实 1.5% 的贴

息政策等措施，缓解企业融资难题。2013年以来，累计为1700余家企业贷款80亿元，落实知识产权质押贷款贴息额达3977万元，较好地扶持了中小型科技企业发展。目前，西安市信贷业务合作机构扩大到27家银行、16家担保公司，知识产权金融合作机构群体进一步扩大，为提高科技企业融资水平奠定了良好基础。《经济日报》、《陕西日报》、《西安日报》等多家媒体对西安知识产权质押融资的做法进行了深入报道，知识产权金融工作的影响力不断扩大。

### 13.3.5 坚持依法行政，不断提高知识产权保护水平

按照国家知识产权局关于加强知识产权保护和打击侵权假冒的工作部署，西安市知识产权局在行政执法方面加大政策供给和工作力度。一是与市公安局等四家单位联合制定出台了《公安机关与行政执法机关执法协作相关规定》，为提升打击破坏市场秩序犯罪和侵犯知识产权犯罪的合力提供了有力保障。二是围绕提升营商环境，完善知识产权保护相关措施，在资助政策中，对企业主动维权，通过司法或行政途径最终确认被侵权事实成立的，给予维权资助。同时，加大对外资企业的知识产权服务，出台了《西安市推进知识产权维权援助工作专项行动方案》，推进知识产权的"同保护"。三是采取市、区（县）联动、委托执法等措施，加大执法力度和执法队伍建设，提升知识产权的整体保护水平。2013年以来，累计查处涉嫌假冒专利案件862个，受理调处专利纠纷和侵权案件107起。连续两年被公安部和国家知识产权局表彰为"全国知识产权系统和公安机关知识产权执法工作成绩突出集体"。

### 13.3.6 加强机构能力建设，助推知识产权服务业发展

近年来，西安依托知识产权服务集聚试验区建设，努力打造城市知识产权综合服务平台，加强机构服务能力建设，初步形成了以知识产权公共信息发布平台、专利信息传播利用平台、知识产权宣传培训服务平台、知识产权质押融资服务平台、国家军民融合运营平台等五个市级以上平台服

务体系，较好地适应了西安知识产权事业的发展需求。为加快机构能力提升，采取"培训＋项目"的方式，通过开展系列培训，促进机构专利分析、价值评估、贯标辅导等能力提升；通过建立知识产权特派员机制，促进机构在为科技企业提供一站式服务中提升能力；通过开展知识产权托管工作，加强对众创空间、企业孵化器、知识产权特色小镇开展专项服务，大力促进创新创业活动健康发展。依托国家知识产权运营平台建设，围绕"一网、一厅、一库、一基金、三组织"五大运行载体建设，突出高价值知识产权挖掘与培育、知识产权价值评估、知识产权运营转化探索，累计开展完成专利技术价值评估项目合计79项，推动知识产权转化运用。目前，西安聚集了省内外知识产权服务机构60多家，超凡、康信、奥凯、华进、合享汇智等相继在西安设立分支机构，西安知识产权服务业越来越引起全国知名机构的关注。

# 第 *14* 章

# 郑州市知识产权运营服务体系建设

近年来，随着国家专利审查协作河南中心、中国郑州快速维权援助中心、国家专利导航产业发展实验区、国家知识产权创意产业试点园区、国家知识产权服务业集聚发展示范区和国家知识产权示范园区（郑州高新区）等"两中心四园区"国家级平台先后落地郑州，郑州市获批国家知识产权强市创建市和知识产权运营服务体系建设重点城市，知识产权事业进入快速发展阶段。

## 14.1 郑州市知识产权工作基本情况

### 14.1.1 知识产权创造能力显著提升

2013—2017 年，郑州市专利申请量从 20259 件增长到 50544 件，增长 149.5%，专利授权量从 10372 件增长到 21249 件，增长 104.9%，万人发明专利拥有量从 4.6 件增长到 10.85 件，增长 135.9%。2017 年，全市新增通过贯标认证企业 161 家，累计通过贯标认证企业 201 家。全市有效注册商标达 178077 件，同比增长 28.6%，注册商标总量位居河南省首位、中部六省省会城市首位，全年著作权登记超过 600 件，地理标志产品达到 13 个。

### 14.1.2　知识产权保护力度持续强化

目前，郑州市已建立较为成熟的知识产权保护机制，行政执法、维权援助和司法保护等多种保护途径相互协同的大保护格局逐渐清晰，为塑造公平竞争的营商环境提供了重要保障。一是行政执法力度不断提升。2017年全市共受理各类知识产权案件46件，办结案件42件；共接受知识产权咨询服务600件（次），转交执法部门案件46件；开展执法专项行动8次，参加人员300人次，抽查商品8000余件，用强有力的知识产权保护净化了创新环境，营造出大众创业、万众创新的良好氛围。二是维权援助效率不断提高。2017年3月，中国郑州（创意产业）知识产权快速维权中心（以下简称郑州快维中心）投入运行，并开通了"12330"维权援助与举报投诉热线，为企业提供快速授权、快速确权和快速维权一站式服务，过去通常4个月才能处理完的专利侵权纠纷案件，现在可以缩短为1个月。一年多来，郑州快维中心已备案企业160余家，外观设计专利授权316件，授权率达100%，在国家知识产权局公布的2017年度各省（区、市）知识产权局专利行政执法工作绩效考评中，成立仅一年的郑州快维中心拔得头筹。三是司法保护力量不断强化。近年来，郑州市中级人民法院"知识产权巡回法庭"和经最高人民法院批复的郑州知识产权法庭相继挂牌运行，为企业提供了专业、高效、便捷的司法保护通道。2017年，全市全年共受理各类一审知识产权案件5256件，占全省案件总量的80%以上，共审结4606件，结案率87.7%，调撤率81.9%，其中刑事案件43件，民事案件4558件，行政案件5件，为企业塑造了良好的营商环境。四是行政调解机制不断完善。郑州市出台《关于建立专利侵权纠纷快速调解机制的实施意见》，成立由中介机构、学术机构、执法机关、司法机构专家组成的专利侵权纠纷快速调解委员会，明晰调解流程，规范调解文书，根据案件的性质、难易程度、标的大小等因素，邀请有关学者、专家进行"会诊"，解决案件中的疑难问题。目前已快速调解专利纠纷30件。

### 14.1.3 知识产权运用水平不断提高

一是从业人员大幅增加。2017 年，全市知识产权从业人员数量跃升至 5500 余人，同比增长 33%，其中专门从事代理、审查、管理、服务和教学科研的知识产权人才达到 1500 余人。二是专利质量不断提升。2017 年，郑州市企业摘获第十九届国家专利金奖 2 项、优秀奖 4 项，获河南省首届专利奖特等奖 2 项、二等奖 5 项、三等奖 6 项，全市新申报 3 家企业参评国家知识产权优势企业，11 家国家知识产权优势、示范企业通过考核，推荐省级知识产权强企 49 家，越来越多的企业通过创造高质量的专利获取资金和政策支持。三是运营平台多元发展。随着郑州市专利数量和质量的大幅提升，专利运营平台的市场需求越来越旺盛，以河南行知专利服务有限公司为代表的服务机构建立的运营平台和以郑州国家创意产业试点园区为代表的知识产权园区构建的运营平台相继成立，充分体现了市场在资源配置中的决定性作用。四是质押融资显著增长。2017 年，郑州市中小企业经专利质押融资途径获批银行贷款 60 笔，同比增长 9%；金额总计 6.02 亿元，同比增长 26%，完成年度目标的 120%，知识产权正逐渐成为融资市场的通行证。五是技术交易持续活跃。2017 年，全市共签订技术合同 6013 份，技术合同成交额达 162 亿元，相比 2013 年的 90.9 亿元增长 78.2%。

## 14.2 郑州市知识产权运营情况

### 14.2.1 近年来郑州市知识产权运营概况

近年来，郑州市专利运营以转让、许可、质押为主。2013—2017 年，全市专利运营情况如表 14-1 所示，共计 7964 件，其中，专利转让 6648 件，占比 83.5%；实施许可 1292 件，占比 16.2%；质押保全 24 件，占比 0.3%。转让仍是最主要的专利运营形式。

表 14 - 1 2013—2017 年郑州市专利运营情况统计表

| 专利运营形式 | 数量（件） |
|---|---|
| 专利转让 | 6648 |
| 实施许可 | 1292 |
| 质押保全 | 24 |
| 合计 | 7964 |

专利转让方面，涉及专利权的转让交易共 5792 件，涉及申请权的转让交易共计 856 件；专利权转让的交易活动中，又以实用新型专利的数量最多，共计 4010 件，占全部运营专利的 50.4%，发明专利交易 1782 件，占全部运营专利的 22.4%。专利许可方面，独占许可 931 件，占全部运营活动的 11.7%；普通许可 340 件，占全部运营活动的 4.3%；排他许可 21 件，占全部经营活动的 0.3%。

## 14.2.2 2017 年专利运营情况分析

2017 年，郑州市专利运营数据如表 14 - 2 所示，共计 678 件。其中，专利转让、许可、质押这三种运营类型中，实施许可为主要的运营模式，共计 383 件，占全部运营专利的 56.5%；专利转让共计 286 件，占全部运营专利的 42.2%；质押保全共计 9 件，占全部运营专利的 1.3%。

表 14 - 2 2017 年郑州市专利运营情况统计表

| 专利运营形式 | 数量（件） |
|---|---|
| 专利转让 | 286 |
| 实施许可 | 383 |
| 质押保全 | 9 |
| 合计 | 678 |

专利实施方面，2017 年，郑州市专利实施许可共计 383 件，超出近五年实施许可均值 48.2%；许可数量达到 10 件以上的专利许可人有 10 个，其中高校、科研院所 5 个，占比 50%；实施许可中普通许可 261 件，是主要的专利许可类型，占全部运营专利的 38.5%，独占许可 121 件，占全部运营专利的 17.8%，排他许可 1 件；专利实施许可人中，郑州大学、河南工业大学等四所高校共计 112 个，占全部专利实施许可人的 40%，说明高校集聚了大量的创新人才，郑州市知识产权运营服务体系建设中应制定相应政策，充分挖掘高校创新资源。专利转让方面，2017 年郑州市 286 件转让专利全部为专利权转让，其中，实用新型专利的数量最多，共计 215 件，占全部运营专利的 31.7%，发明专利 71 件，占全部运营专利的 10.5%。

与往年相比，2017 年郑州市专利运营出现了一些新变化。综合分析来看，一是专利实施许可占比升至首位。2017 年，郑州市实施许可数量在全部专利运营活动中占比上升至首位，且许可数量高出近五年的平均值，与以往专利权属转移为主的运营活动相比，专利许可这一更侧重保护专利权人经济利益和权属利益的方式受到越来越多创新主体的欢迎。二是高校科研机构创新活力不断增强。高校、科研院所作为专利实施许可的主要力量，在许可专利 10 件以上的专利许可人中占比达到 50%，许可专利数量占比 52.5%，说明郑州市高校、科研机构仍然是主要的创新主体。三是运营体系尚不健全。与 2013 年相比，郑州市专利申请量增长 149.5%，专利授权量增长 104.9%，然而专利运营数量却不足千件，盘活专利运营的体制机制仍需进一步理顺。

尽管郑州市知识产权运营服务体系建设仍然存在短板，但近年来郑州市知识产权创造能力显著提升，知识产权保护体系不断优化，专利导航实验区建设取得进展，相信随着各类知识产权运营平台相继成立、多只知识产权运营基金投入运行，郑州市知识产权运营服务体系将得到不断完善，知识产权运营工作定会满足市场需求。

## 14.3 郑州市主要经验

### 14.3.1 体制机制创新方面

一是领导高度重视。郑州市先后成立郑州市知识产权运营服务体系建设工作领导小组和郑州市知识产权运营基金工作领导小组，两个领导小组组长均由分管副市长担任，为知识产权运营服务体系建设提供了充分保障。

二是构建执法网络。横向上，郑州市知识产权局与市公安局、市工商局、市版权局建立了联合执法协作机制；纵向上，将市级知识产权执法权责向县（市、区）和乡（镇）下沉，形成"三级联合执法"机制，形成横向到边、纵向到底的执法网络，保证知识产权行政执法不留死角。

三是建设维权援助工作站。目前，郑州市已选取部分产业集聚区建立5个知识产权维权援助工作站，深入企业一线复制推广中国郑州（创意产业）知识产权快速维权中心的"快速审查、确权、维权一站式服务"模式，缩短专利审查周期，提升知识产权维权效率，降低企业维权成本，激发企业创新的动力与活力。

四是搭建知识产权平台。深刻认识到平台的载体作用，郑州市搭建起多种知识产权平台。以国家知识产权创意产业试点园区为平台，郑州市搭建起知识产权保护平台，将中国郑州（创意产业）知识产权快速维权中心、"12330"维权援助热线、市中级人民法院"知识产权巡回法庭"进行整合，下一步计划与新成立的郑州知识产权法庭合作，进一步纳入司法保护力量；以国家知识产权创意产业试点园区为基础，郑州市还建立起知识产权运营平台，并围绕该平台成立了重点产业知识产权运营基金，将运营平台的线上引智与园区的线下生产有机衔接，实现"1 + 1 > 2"的集聚效应。

### 14.3.2 政策创新方面

郑州市委、市政府高度重视知识产权创造、保护、运用工作，相继出台知识产权强市相关政策、措施。《中共郑州市委办公厅郑州市人民政府办公厅关于印发〈郑州市科技创新三年行动计划（2016－2018年）〉的通知》（郑发〔2016〕32号）；《中共郑州市委〈郑州市人民政府关于加快推进郑州国家自主创新示范区建设的若干政策意见〉》（郑发〔2016〕12号）第34条加强知识产权工作，进行综合改革；《中共郑州市委、郑州市人民政府〈关于引进培育创新创业领军人才（团队）的意见〉》（郑发〔2015〕9号）将知识产权背景作为引入人才的条件之一。《中共郑州委办公厅郑州市人民政府办公厅关于印发〈郑州市引进培育创新创业领军人才（团队）"汇智郑州·1125聚才计划"实施办法（暂行)〉的通知》（郑办〔2015〕18号）明确将知识产权人才作为重点培育对象。

2017年印发的《郑州市知识产权运营服务体系建设实施方案》（郑政文〔2017〕243号）制定了12条促进知识产权创造、保护、运用的资金支持政策，目前正在抓紧制定的配套政策文件包，涵盖了财政资金管理、高价值专利组合培育、专利导航项目实施、强企培育、专利质押融资奖补、运营基金组建、运营公共服务平台奖补七个方面的具体支持政策。

### 14.3.3 管理创新方面

一是郑州市政府充分认识到保护知识产权就是激励创新，将知识产权创造数量纳入政府目标考核指标，将专利执法工作纳入全市行政执法绩效考核目标。二是郑州市知识产权局与市公安局、市工商局、市版权局建立联合执法协作机制，加强横向联动。三是推动郑州市级知识产权执法权责向县（市、区）和乡（镇）纵向延伸，形成三级联合执法机制。

## 14.4 郑州市典型案例

郑州市部分服务机构、基金公司和知识产权园区紧抓知识产权强市和知识产权运营服务体系建设机遇，深挖自身价值，在运营平台建设、运营基金组建和导航实验区建设方面积累了一定的经验。

## 14.4.1 特色化运营平台建设

小个头也能办大事——特色化运营平台建设。河南行知专利服务有限公司是一家以专利代理、分析评议、专利诉讼为主营业务的知识产权服务机构，在多年的探索中，立足自身专业优势，吸引社会资本投资并初步建立起一条知识产权运营链条。该公司利用在汽车零部件、冶金辅料、新能源等领域的多个得到客户高度认可的专利分析评议项目，成功获得北京宏景资本关注，负责资本预投项目的分析评议工作。公司以此为契机，搭建了知识产权运营平台，初步建立起"以知识产权保护为导向，以知识产权应诉能力为检验标准，立足知识产权产业化"的高价值专利筛选体系，为高价值专利和社会资本牵线搭桥，走出了一条由中介机构向运营机构转变的新路子。目前公司已开发出"高价值专利手机 APP"，包含专利检索、分析、评估、交易、维权等功能，将作为集聚高质量专利资源的入口，建立高质量专利数据库，进而筛选高价值专利，引入社会资本投资。

## 14.4.2 运营基金建设

梅花香自苦寒来——运营基金建设。经过将近两年的招标、注册等工作，2017 年 5 月郑州市首只重点产业知识产权运营基金正式成立运行，其中金水区财政出资 6000 万元，河南省财政出资 4000 万元，基金管理公司出资 1000 万元，社会资本募集 1.9 亿元，基金总规模达 3 亿元。由于是首次成立知识产权类基金，经验不足，前期筹备工作花费了较长时间，但是在这个过程中也积累了很多经验。一是决策机制方面。基金除成立投资决策委员会外，还设置了基金管理委员会，由知识产权、财政、科技等部门组成，在规定时限内对投资决策委员会预投项目进行政策性审查，提出审查建议，但无项目否决权。这一看似多出的程序一方面解决了政府管理部门在投资决策委员会没有席位的问题，另一方面对规范基金管理、降低投资风险发挥了很大作用。二是基金招募方面。根据经验，不管是导航实验区服务机构招募还是知识产权运营基金管理公司招募，为了配合审计部门工作，一般都会选择招标方式进行筛选，但这种方式经常会遭遇招不到真正有实力的合作方的尴尬。实际操作中，与项目匹配的公司不得不反反复复修改标书，才能从众多"极具竞争力"的投机公司中脱颖而出，耗费大量时间和人力资源。通过此次招募工作，对邀标和竞争性谈判这两种方式进行了探索，积累了一定经验，为今后的基金组建工作节约时间成本。三是基金投资方面。基金目前已开展投资 1 项，储备预投项目 10 余项。投资的项目为以股权形式投资广东高航知识产权运营有限公司，并在郑州开设分公司，参与郑州市及河南省知识产权运营工作。这种投资模式即完成了资金投放，又为本地引进了高端服务机构，一举多得。

## 14.4.3 导航实验区建设

于细微处见真章——导航实验区建设。2016 年，郑州高新区北斗导航与遥感产业专利导航项目入选首批河南省级专利导航实验区建设项目，现已探索出一套较为成熟的产业规划类专利导航项目建设经验。一是以小见大，把握实验区建设方向。在开展产业规划类专利导航的同时，选择产业链上处于不同环节的代表性企业开展企业专利运营类专利导航，搭建完成企业专题专利数据库，并撰写企业专利信息分析报告，以此为基础对产业规划类专利导航项目把脉问诊，寻找合适的导航实验区建设方向。二是成立郑州高新区北斗产业知识产权联盟。50 多家相关企业、科研机构和服务机构加入，共同制定产业发展建议，为撰写北斗产业专利导航分析报告、北斗产业发展规划和北斗导航产业发展脉络图提供智力支撑。三是搭建专利导航公共服务平台。将产业专利分析报告、企业专利分析报告上传平台，并同步上线已完成的企业运营类专利导航数据，充分展示导航项目成果，强化园区企业专利导航意识。

第 *15* 章

# 厦门市知识产权运营服务体系建设

在国家知识产权局、国家财政部的大力支持下,厦门市于 2017 年 6 月成功入选八个知识产权运营服务体系建设重点城市。2017 年 12 月底,厦门发布《厦门市人民政府办公厅关于印发知识产权运营服务体系建设实施方案的通知》(厦府办〔2017〕231 号,以下简称《体系建设实施方案》),并由市财政局、市知识产权局联合行文向财政部、国家知识产权局备案(厦财函企〔2018〕2 号)。以下为厦门市近年来的体系建设经验总结。

## 15.1 厦门市知识产权工作基本情况

党的十八大以来,在厦门市委、市政府的高度重视和坚强领导下,厦门市知识产权系统按照习近平总书记关于"打通知识产权创造、运用、保护、管理、服务全链条"的重要指示精神,加快贯彻落实知识产权强国战略,善于谋划,勇于创新,各项工作走在全国前列,先后被国家赋予了全国唯一的两岸与"一带一路"知识产权经济试点、十大国家知识产权强市创建市、六个知识产权综合管理改革试点地方、八大国家知识产权运营服务体系建设重点城市,并获得中央财政 2 亿元专项资金支持,知识产权在厦门市经济社会发展全局中的地位和作用显著提升。

(1)知识产权创造能力显著提升。近年来,厦门市专利申请、授权量均保持 20% 以上的速度增长。2017 年全市新增各类专利申请 2.5 万件、授权 1.5 万件,新增 PCT 国际专利申请 313 件,截至 2017 年底,每万人口发明专利拥有量达 23.5 件，为全国平均水平的 2.4 倍。累计共有 44 件专利获中国专利奖，45 件专利获省专利奖，256 件专利获市专利奖。

（2）知识产权保护力度不断加大。创新市区联动、全员执法、部门联合执法模式，专利行政执法查处的案件逐年上升，近五年累计查处涉嫌假冒专利案件 1198 件，处理侵权纠纷案件 317 件。在自贸区设立了中国厦门（厨卫）知识产权快速维权中心，在企业园区设立 15 家维权援助工作站贴近服务，创立了"厦门知识产权 12330 呼叫中心"，一号式受理政策业务咨询、维权援助、举报投诉。2017 年专利执法在 161 个城市中排名第四，知识产权维权援助举报投诉在 76 个维权工作站中排名第四，社会各界对知识产权保护工作的认可度逐步提升。

（3）知识产权运用效益逐步显现。启动专利技术产业化实施项目，近五年来共给予 210 个项目发放 2500 万元资金补贴，带动社会投资超过 5 亿元。设立"一带一路"知识产权运营投资基金，完成五个项目投资 500 万元，带动国有资本投资 3100 万元。创新设立国内首家"知识产权支行"，联合银行、保险、担保及评估机构推出针对中小微企业专利质押融资"知保贷"和"知担贷"方案。知识产权运营日趋活跃，知识产权价值加速实现，对厦门经济社会发展的贡献度明显提高。

## 15.2 厦门市知识产权运营情况

（1）专利交易许可。

根据国家知识产权局交易许可备案信息数据，2014—2016 年，厦门市专利交易许可 105 笔，其中企业 53 笔，个人 39 笔，高校 13 笔；共涉及专利 351 件，其中企业 221 件，个人 113 件，高校 17 件。2017 年，厦门市涉及专利权的技术交易合同金额 15.96 亿元，涉及专利权的技术交易合同数为 146 件，转让专利 1580 件（含关联单位之间等不涉及交易金额的转让类型，不完全统计）。

2015—2017 年，厦门市区域内高校以各种形式向企业累计转移转化发明专利 115 项，通过发明专利转移转化累计获益 2182.8 万元（不完全统计）。高校知识产权向企业转移转化的类型逐步从过去简单的转让或许可，转变为包括产学研共同开发、组合型转移转化、作价入股等在内的多样化方式。

（2）专利权质押融资。

根据国家知识产权局质押备案信息数据，2014—2016 年，厦门市专利权质押 20 笔，涉及 144 件专利；累计 12 家企业通过专利权质押获得银行授信 2.66 亿元，实际放款 1.89 亿元，累计发放贴息补贴 226.85 万元。2017 年厦门市专利权质押融资取得显著增长，共计六家企业获得银行授信 9446 万元，同比增长 33.5%；实际放款 5146 万元，同比增长 30.4%；专利权质押贷款贴息 148.2 万元，同比增长 11.8%。

上述数据显示 2017 年厦门市专利权质押贷款贴息同比增幅低于实际放款同比增幅，说明企业专利权质押贷款融资成本进一步下降，厦门市相关政策导向取得成效。

（3）专利保险。

厦门市自 2015 年起开展专利保险工作，对符合条件的企业给予保费补贴。2015—2016 年，共计 36 家企事业单位、83 件专利参保，补贴金额 17.4 万元。2017 年，共计 23 家企事业单位、231 件专利参保，补贴金额 18.4 万元。参保专利数量总规模超过 2017 年度预期绩效目标 50%。

在平均每件参保专利财政资金补贴金额从约 2000 元/件下降至不足 800 元/件的情况下，平均每家单位参保专利数量由不足 3 件/家上升至超过 10 件/家，说明厦门市针对专利保险的政策引导取得明显实效，财政扶持资金使用效益显著提升，企事业单位专利参保意识明显增强。

## 15.3 厦门市主要经验

（1）重视市场作用。

坚持企业的市场主体地位和知识产权的市场价值取向，积极引入信息、服务、智力等全国各类资源，主动引导企业、服务机构、高校院所、行业协会、金融机构、园区基地等各类社会主体协同创新，踊跃参与城市核心平台、基金、新型智库、专利导航、高价值专利组合、维权援助等城市知识产权运营服务体系建设关键领域，充分发挥有效市场和有为政府作用，克服单纯依赖财政资金投入或政府唱"独角戏"的问题。例如，与国家运营平台对接共建厦门市知识产权运营服务核心平台，委托中国专利技术开发公司完成《专利导航厦门市创新发展质量评价分析报告》并开展产业规划类专利导航项目，推动知识产权出版社与厦门市知识产权协会合资在厦成立服务机构，推动服务机构向全市各园区、高校及重点企业等一线延伸维权援助工作。

（2）科学分类施策。

厦门市体系建设任务层次多、类型多、范围广，既涉及与现行政策紧密相关的内容，又包含诸多创新事项；既要推动常态型工作进行提升，又要推广、深化知识产权运营工作；既要优化现行以奖补为主的扶持政策，又要探索股权投资、政府采购服务等市场化扶持方式。基于上述考虑，厦门市主要按照"政策优化、政策创新、政策聚焦、政策集成"的总体思路，科学、合理分类推进配套政策出台。

①政策优化——拟对现行《厦门市专利发展专项资金管理办法》进行修订，优化专利高质量创造的政策导向，提升重点企业、高校院所、管理规范、质押融资、专利导航、维权援助、宣传教育、代理机构等方面的扶持额度，调整、明晰部分扶持政策的适用范围。

②政策创新——拟对运营服务机构培育、运营主体培育、高价值知识产权组合培育、小微企业托管、专利预警、法律服务机构扶持等创新性强、探索性强、扶持资金额度易明确的工作出台专项扶持措施，在三年建设期里进行探索实践。对于厦门市现有部分知识产权运营重点项目，市知识产权局与市财政局于本年度出台了《厦门"一带一路"知识产权运营引导资金管理暂行办法》、《关于进一步推进专利权质押融资工作的通知》等政策举措，加强相关业务指导与监督管理。

③政策聚焦——对于扶持资金额度不宜明确，需根据实际进展调整的体系建设重点项目（主要涉及平台建设、业态优化等领域），市知识产权局与市财政局拟采用项目立项方式共同推进。该方式既有利于调动潜在市场参与主体积极性，又有利于提高财政资金的使用效益。

④政策集成——拟将知识产权人才引进及培育等扶持措施，与厦门市"海纳百川"、"双百人才"等现行人才政策进行集成，从而获得市级层面上扶持资金、政策宣传、人才平台等更多资源的支持。

（3）突出地方特色。

厦门市地处"海丝"核心区，是"海丝"战略支点城市之一，拥有自贸区厦门片区、自主创新示范区等国家级改革试验区，长期处于改革开放以及对台工作的前沿阵地。厦门市在推进体系建设的顶层设计中，充分考虑厦门市承担的区域发展角色及任务，适时提出将全国唯一的"两岸知识产权经济试点"进一步拓展为"两岸与'一带一路'知识产权经济试点"，明确提出建设厦门国际知识产权新城，通过基金互投、共享项目库等方式，与国内其他城市合作共建两岸与"一带一路"知识产权经济协作区，拓展境内外知识产权经济协作，促进优质知识产权服务交流、合作、开放、共享。2017年厦门市取得了引进中国台湾地区知识产权人才、服务资源来厦门，与四川省、福建省平潭实验区等合作共建协作区等成果，实现良好开局。

（4）强化保护体系。

厦门市高度重视知识产权保护对体系建设的支撑性作用，初步形成了强化司法作用、优化行政执法、推进仲裁调解、夯实权利基础的知识产权大保护体系。

一是继续强化司法保护作用的同时，推动建立闽粤沿海十二城市知识产权保护联席会议机制和厦漳泉龙区域协作机制。

二是创新市区联动、全员执法、部门联合执法模式，加大对电商、展会以及各专业市场等重点环节和食品、药品等民生领域知识产权违法行为的查处力度，营造良好营商环境。

三是发挥中国（厦门）知识产权维权援助中心作用，在全市企业园区设立 15 家维权援助工作站贴近服务；在厦门自贸片区成立了中国厦门（厨卫）知识产权快维中心；在厦门仲裁委设了知识产权仲裁中心，积极开展知识产权仲裁调解试点，有效预防和化解知识产权纠纷，维护知识产权权利人合法权益，推进多元化解决知识产权纠纷。

四是走进外资企业，组织知识产权工作交流，宣传贯彻国民待遇、同保护等知识产权保护政策。

## 15.4 厦门市典型案例

### 15.4.1 厦门"一带一路"知识产权运营基金

厦门"一带一路"知识产权运营投资基金为财政资金出资引导，社会募资并按市场化方式运作的特殊政策导向基金。主要用于支持优质知识产权资源依托项目的投融资，强化知识产权实施和运营的资本供给，培育"一带一路"导向的重点产业知识产权运营投资基金。基金的资金来源为国家和合作城市各级财政资金组成的引导资金、多元化社会资本以及基金未来投资收益等，引导资金规模预计 2 亿元。市委市政府 2017 年工作报告已明确要求"一带一路"知识产权运营投资基金，积极对接亚投行和丝路基金，扩大项目合作，并作为今后五年"深化改革开放"方面的重点工作之一。

基金将充分发挥中央财政专项资金的示范、辐射、带动作用，积极与国内其他城市的知识产权运营投资基金开展合作，采用基金互投等模式，撬动多元化社会资本，合作共建两岸与"一带一路"知识产权经济协作区，以"协同创新、集聚创新、开放共享"的理念，在实现"引进来"优势资本、先进技术、优质服务等资源的同时，推动协作城市中以知识产权为支撑的产业、企业，在"一带一路"沿线地区实现"走出去"。

（1）管理与运作。

知识产权运营基金创新性高、探索性强，各试点城市均遇到不同程度的体制、机制问题。厦门市基金实行直接/跟进投资和引导投资相结合的创新模式，实行决策与日常管理相分离的管理体制。前期重点开展引导资金的直接投资和跟进投资；同步筹建"引导资金＋若干个子基金"（"1＋N"模式）或"引导资金＋市场化主基金＋若干个子基金"（"1＋1＋N"模式）等知识产权运营投资基金，进行多元化资本投资管理。上述模式避免了因社会资本参与意愿等因素影响投资进行导致资金闲置等潜在不利因素，提高了资金使用效率。

2017年5月，引导资金设立理事会，负责对引导资金拟组建基金方案和有关重大事项进行决策。理事会下设办公室于市知识产权局，负责审批直接（或跟进）投资方案、绩效考核等理事会日常事务。引导资金由市属一级国企作为市财政的出资代表，并委托其下属信诚通创投作为引导资金管理公司，负责引导资金的日常运营管理、组织专家评审会、具体实施经批准的投资方案等事务。

知识产权运营基金的专业性、政策性、实操性强，近年来包括厦门市在内各试点地方的实践表明，基金由专业化知识产权运营和市场化投资管理相结合的知识产权投资管理机构是非常有必要的。2017年12月，经市知识产权局会同市财政局、市国资委向市政府请示，市政府专题会研究同意成立厦门知识产权投资有限公司，由投资公司负责引导资金的日常管理及基金组建等相关工作。下一步，投资公司将加快公司注册、人才招聘、对外合作等工作步伐，尽快建立起与厦门市知识产权运营基金相适应的人才队伍以及运作模式。

（2）资金投向。

基金将作为两岸与"一带一路"知识产权经济协作区参与城市或地区的重要纽带，基金将围绕"一带一路"知识产权经济试点，服务"一带一路"知识产权经济协作区建设，重点投向：①"4＋1"知识产权运用综合服务平台体系（知识产权银行、交易运营中心、投资公司、智库＋其他知识产权社会服务机构）；②"一带一路"知识产权经济协作区建设或投资项目；③"一带一路"知识产权经济协作区中拥有自主核心专利技术的其他企业。

（3）投资进展。

引导资金直投或跟投的投资策略主要是基于项目相关的专利创造情况和专利技术水平，并综合考虑产业政策导向契合度、企业运营效益、未来成长空间等因素。截至 2017 年 12 月底，引导资金理事会办公室已审议通过拟直接投资项目 4 个，涉及节能环保、集成电路、大健康、文化创意等重点产业，拟投资总额 1100 万元，引导资金管理公司拟配套自有资金（国有资本）投资总额超过 4000 万元。实际完成投资项目 2 个，资金到位 3600 万元（引导资金直接投资 500 万元，国有资本配套 3100 万元）。

引导资金拟参股的知识产权运营投资基金筹建工作也同步启动，在谈基金三个。根据市知识产权局与中国专利技术开发公司的相关合作协议，开发公司将成为市场化主基金的发起人之一，并作为技术 GP 全面参与市场化主基金的管理。

基金同步积极拓展对外合作。2017 年 9 月以来，市知识产权局先后与四川省知识产权局、平潭综合实验区金融办等签署知识产权战略合作框架协议，明确将在用好用足国家赋予的两岸与"一带一路"知识产权经济发展试点等政策的基础上，以基金为纽带，链接合作区域、市场和产业优势，创新合作机制，拓展合作领域，聚焦重点产业知识产权运营和实施、跨区域优势产业集群以及知识产权经济协作区建设等诸多协同创新领域。

### 15.4.2 知识产权金融

2014 年以来，厦门市积极开展专利权质押贷款贴息和专利保险等知识产权金融工作。2014 年出台《厦门市企业专利权质押贷款贴息办法》，先后组织了三期有 10 家驻厦银行、3 家质押机构、100 多家企业参加的专利权质押融资政银企对接会，促进了政银企合作。2015 年起开展专利保险工作，对符合条件的企业给予保费补贴，并与国家知识产权局签订《专利保险服务及促进工作》委托合同。

在此基础上，厦门市在《厦门市开展两岸知识产权经济发展试点工作方案（2015—2020 年）》（厦府〔2015〕110 号）中首次提出"创建两岸知识产权银行"；在《厦门市知识产权强市建设行动计划（2017—2019 年）》（厦府办〔2017〕126 号）中首次明确"探索构建'政策性、商业性和知识产权运营'三合一的知识产权银行"；在运营体系建设方案中进一步明晰了"知识产权金融试点——知识产权支行——知识产权银行"的三步走建设计划。

2016 年 5 月，市知识产权局与八家驻厦银行签订战略合作协议，鼓励其作为银行开展知识产权金融特色业务，标志着厦门市知识产权金融试点正式启动。2017 年 8 月，市知识产权局与市财政局联合印发了《关于进一步推进专利权质押融资工作的通知》（厦知〔2017〕68 号），正式面向全市中小微企业推广专利权质押贷款融资方案"知保贷"、"知担贷"。同时设立专利权质押贷款风险补偿资金，首期金额 1000 万元，将视风险补偿资金运用成效情况追加。

"知保贷"和"知担贷"作为厦门市专利权质押贷款融资创新产品，服务对象为在厦门市发展良好且拥有核心专利技术的中小微企业，具有申请门槛低、融资成本低特点，由政府、银行、担保公司、保险公司、评估机构按比例共同分担风险，初步解决了过去仅由银行承担此类知识产权融资风险问题，有效提高了银行参与积极性和企业融资风险防控能力，有利于进一步解决中小微企业融资难、融资贵问题。厦门农商银行率先通过知识产权政银战略合作机制，完善特色业务体系，创新信贷产品，面向全市中小微企业推广"知保贷"、"知担贷"。截至 2017 年底，近百家企业提交相关融资申请。

2017 年 12 月底，市金融办与市知识产权局在厦门农商行何厝支行挂牌设立"厦门知识产权特色支行"，为全国首创。"厦门知识产权特色支行"的挂牌成立，不仅是推进厦门市知识产权强市创建、构建知识产权运营服务体系的重要举措，也将为厦门市实体经济提供优质知识产权金融服务和资本供给，为今后探索建设知识产权银行奠定坚实基础。

# 第*16*章

# 宁波市知识产权运营服务体系建设

2017 年 6 月，宁波市被国家知识产权局和财政部认定为知识产权运营服务体系建设重点城市，同年 12 月，宁波市政府印发《宁波市知识产权运营服务体系建设实施方案》并提交国家知识产权局备案，知识产权运营体系建设工作正在抓紧落实中。

## 16.1 宁波市知识产权工作基本情况

作为国家首批知识产权运营服务体系建设八大重点城市，宁波市将深化知识产权领域供给侧结构性改革，力争通过三年努力，构建要素完备、体系健全、运行顺畅的知识产权运营服务体系，实现知识产权对全市产业提升和经济转型的引领支撑。

（1）明确发展目标。

《宁波市知识产权运营服务体系建设实施方案》提出，到 2020 年，打造以宁波市知识产权运营公共服务平台为载体，六家以上知识产权运营机构为主体，支撑 N 个区域特色产业发展的"1＋6＋N"知识产权运营服务体系，实现区域间知识资源合理流转配置、高效转化运用，知识产权与创新资源、产业发展、金融资本有效融合。具体来看，包含以下几个方面。①培育 6 家知识产权运营机构，年主营业务收入 1000 万元以上或持有的可运营专利数量达到 1200 件。知识产权质押融资金额和知识产权交易量年均增幅 20% 以上。②形成 20 个以上具有核心竞争力的高价值专利组合。其中，发明专利数量不低于 50 件，PCT 申请量不低于 10 件。③形成严格的知识产权大保护格局，知识产权执法案件年结案率保持 95% 以上，行政执法办案量年均增幅 20% 以上，结案时间缩短 20% 以上，维权援助服务的企业每年不低于 100 家，知识产权诉调对接案件量累计达到 2000 件，知识产权保护社会满意度达到 80 分以上。④形成规范的企业知识产权标准化管理体系。累计建成企业专利特色库 1900 个，行业专利特色库 100 个。知识产权管理规范贯标企事业单位累计达到 500 家以上，专业知识产权托管服务覆盖小微企业累计达到 1500 家以上。

（2）构建高价值知识产权培育体系。

重点围绕新材料、高端装备、汽车及零部件等八大千亿级产业，创建以专利为核心的产业创新资源数据库，绘制产业领域专利布局地图和技术路线图。在磁性材料、关键基础零部件等重点优势领域，鼓励企业以跨国并购、技术合作、协同创新等模式，引进、培育一批关键技术领域的高价值专利组合。

（3）构建知识产权运营服务体系。

包括建设知识产权运营公共服务平台、培育知识产权运营机构、创新知识产权运营资本供给机制、加强知识产权人才培养等。

（4）构建知识产权保护格局。

包括完善知识产权保护机制、建设中国（宁波）知识产权保护中心、开展知识产权领域社会信用体系建设、建立完善涉外知识产权争端解决机制等。进一步完善知识产权保护机制，通过线上线下结合的网络知识产权保护新模式，加大对制假源头、重复侵权、恶意侵权、群体侵权的查处和惩罚力度。到 2019 年，全市将组建一支 80 人以上的知识产权"警察"队伍。

（5）项目资金支持和管理。

宁波市将积极利用 2 亿元中央财政支持经费，再配套 2.3 亿元，总投入 4.3 亿元，完善配套服务，构建包括公共服务平台、人才培养、专利保险在内的全面的知识产权运营服务体系。以政府引导的模式设立知识产权运营服务体系基金，鼓励民间资本投入，逐步形成"政府引导、企业主体、社会参与"的知识产权投入格局。从项目资金管理情况来看，宁波市起草了《宁波市知识产权运营服务体系建设资金使用管理办法》和《宁波市知识产权运营基金和知识产权质押融资风险池基金管理办法（暂行)》，召开了由企业、金融机构、保险公司、评估机构、基金公司等参加的意见征求座谈会，并对两个管理办法进行了修改和完善。

（6）充分调研组织项目实施。

通过网络查询和电话咨询等方式，了解国家知识产权局和其他地市，特别是列入知识产权运营服务体系建设重点城市的其他城市在专利导航、高价值专利组合培育、知识产权运营机构建设等方面的工作进展情况和具体做法，为专利导航项目、高价值专利组合培育项目、知识产权运营机构培育项目的征集工作做好准备。

## 16.2 宁波市知识产权运营情况

2017年，宁波市深入实施知识产权发展战略，加快知识产权强市建设，并实行更加严格的知识产权保护，使知识产权工作取得明显成效。

2017年，全市专利申请量和授权量分别为62104件和36993件，其中发明专利申请量、授权量分别为18497件、5382件，占比分别为29.8%和14.5%，较2011年，分别提升20个和10个百分点（2011年，全市发明专利申请量和授权量占比分别为9.2%和4.4%）。每万人发明专利拥有量达25.9件，高于全国、浙江省平均水平，发明专利占授权专利的比率为14.5%。通过深入实施商标品牌战略，全面推进商标注册、运用、管理和保护工作。2017年，宁波市共获国家专利优秀奖11项、省专利金奖2项、优秀奖4项，宁波中车"超级电容器的制备方法"获国家专利金奖。宁波市现有国家知识产权优势企业52家，2017年新增12家。截至2018年4月，全市拥有有效注册商标18.3万件、省级专业商标品牌基地11个、驰名商标

86 件、国际商标 1038 件、地理标志证明商标 28 件。国际商标数和地理标志证明商标数位居浙江省之首。

2017 年全市专利质押融资金额 12 亿元，商标质押融资金额达到 28230 万元。专利交易许可金额 76034.08 万元，专利交易许可合同数 35 份，交易许可涉及的专利数为 133 件知识产权运营发展潜力大。

# 案 例 篇

# 知识产权运营典型案例

◆ 第 17 章　中国科学院知识产权运营管理中心

◆ 第 18 章　南京理工大学技术转移中心

◆ 第 19 章　西电捷通公司

◆ 第 20 章　深圳市大疆创新科技有限公司

◆ 第 21 章　中铁第四勘察设计院集团有限公司

◆ 第 22 章　北京知识产权运营管理有限公司

◆ 第 23 章　北京中关村中技知识产权服务集团有限公司

◆ 第 24 章　中知厚德知识产权投资管理（天津）有限公司

◆ 第 25 章　四川省知识产权运营股权投资基金合伙企业

# 第17章

# 中国科学院知识产权运营管理中心

党的十九大报告提出加快建设创新型国家，深化科技体制改革，建立以企业为主体、市场为导向、产学研深度融合的技术创新体系，加强对中小企业创新的支持，促进科技成果转化。倡导创新文化，强化知识产权创造、保护、运用。企业是科技创新的主体，但科研机构有责任帮助企业提高创新能力，这也是新时期中国科学院的使命与责任。

## 17.1 单位基本情况

中国科学院知识产权运营管理中心（以下简称中心）成立于2016年7月，是中国科学院为促进科技成果的转移转化工作，打通知识产权、资本和产业之间的通道，以市场和产业的力量打开知识产权和科技成果的财富大门，以专业化的服务保障支撑中国科学院科技成果转化工作的顺利开展，以与市场接轨运营方式实现创新链、产业链、资本链"三链"有效联动而设立的非营利的非法人单元，主管部门为中国科学院科技促进发展局，依托单位为中国科学院计算技术研究所。

中国科学院知识产权管理运营中心受中国科学院机关委托，从事知识产权相关管理工作，包括为研究所提供信息服务、政策和法务咨询、专业人才培训和继续教育等；建立与中国科学院内外专业服务机构合作的接口，一方面与研究所现有知识产权管理和运营队伍/机构有效衔接，另一方面以市场化的方式为研究所提供专业化的知识产权运营服务。

中心定位：建设成为优化中国科学院内知识产权资源和健全技术创新市场导向机制的专业平台，引导中国科学院直属单位知识产权运用和科技成果转化工作向专业化发展。

发展目标：探索建立以知识产权为核心、以市场为导向的成果转移转化机制，实施专利集中管理，围绕重要行业需求培育高价值专利群，畅通专利许可转让途径，形成具有中国科学院特色的知识产权运营管理体系。

## 17.2 知识产权运营情况

截至 2017 年底，中国科学院拥有有效专利 47349 件，并且还以每年 10% 以上的速度在持续增长。中国科学院知识产权运营管理中心成立一年多来，通过实施普惠计划、专利拍卖等，探索建立以知识产权为核心、以市场为导向的成果转移转化机制，逐步培育高价值专利群，畅通专利许可转让途径。

"普惠计划"是中国科学院面向企业推出的一项专利运用计划。首批"普惠计划"共有 26 家中科院研究所参与，入池的中科院专利近千件，平均维持年限 8 年，涉及信息与微电子、化工与材料、生物医药等领域。企业申请加入"普惠计划"专利池，签约成功后根据自身需求选定专利池中的两个领域内、总数不超过 20 件的意向专利，在两年内免费自主实施。后续若有进一步需求，企业还可选择购买专利（每件不超过 10 万元），或与中科院科研团队开展技术咨询、委托研发、共建实验室等深入合作。

"专利拍卖"是中科院建院以来第一次征集院属机构的专利在全国范围内进行集中拍卖。拍卖标的包括中科院 57 家院属机构的 932 件专利，涉及电子信息、生物医药、新材料、节能环保等新兴产业。

## 17.3 主要经验或典型案例

中国科学院除了基础研究还有应用研究，开展大量知识产权管理与运用工作，运用"普惠计划"、"专利拍卖"等市场化手段加速科技成果向全社会的扩散，不只是追求经济回报，还能加速科技成果的实施和运用，提高中科院的社会影响力。

## 17.3.1 中科院"普惠计划"

2017 年 5 月 31 日在江苏南京启动的"中科院'普惠计划'全国路演首场活动"，通过全国路演，解决中科院专利信息和地方产业（企业）需求不对称的问题。"普惠计划"走过了 15 个城市，举办了 18 场对接活动，覆盖企业数一万余家，联系企业 5000 余次，参与活动企业数 1030 家，意向入池企业 544 家，共享专利 103 个，转让专利 25 个，呈现出不同地域企业对中科院专利的个性化需求特征。

"我们拥有'一种含变性淀粉纳米粒的可降解吸收止血材料及其应用'发明专利，利用该技术开发出的止血材料不仅绿色环保，还能达到更好的止血效果，市场前景广阔。"中科院大连化物所研究员吕国军面向在场企业展示了其团队的专利成果与研发实力。在各地的"普惠计划"全国路演与签约仪式上，邀请中科院研究员向企业宣讲自己的高质量专利已经成为"普惠计划"进行推广时的常见做法。

"以专利池的形式将中科院多家科研所的专利集中起来对企业开放，使企业深入接触科研院所的技术，为我们节约了很多时间成本。""公司致力于石墨烯改性纤维材料的研究，2017 年 5 月份签约入池后，中科院很快帮我们检索到相关专利'一种抗菌织物及其制备方法'，我们迅速与发明人深入沟通，8 月份便将专利买了下来，补强了企业的专利布局。专利最多也就 10 万元，对于好的专利，大企业不能心疼那一点钱，关键专利错过一天时间被别人买了去怎么办？""专利作为技术的载体呈现给大众，深入挖掘专利背后的技术才是关键所在，专利脱离技术本身对大多数企业来说是没有价值的，除非是权利范围和稳定性非常好的核心专利，但这种专利少之又少。在我看来，'普惠计划'不仅是一个购买专利的渠道，它背后隐藏的成果转化价值才会真正让企业受益。""普惠计划"的重要意义在于通过专利对接上背后的技术团队。"企业检索专利信息，有时是想深入了解专利背后的技术，但凭借企业本身很难完成技术对接，'普惠计划'就解决了这个问题。通过专利建立企业与中科院的联系，最后促成的肯定不仅是一件专利的交易，可能是价值上百万的技术合作，以完成成果转化，实现商业价值。""普惠计划"入池企业济南圣泉集团股份有限公司技术中心办公室主任刘顶这样评价普惠计划。

## 17.3.2 中科院专利拍卖

从启动拍卖到 2018 年 4 月 28 日专利拍卖结束，6 个月的时间，中科院知识产权运营管理中心完成了从专利征集、专利法律状态排查、专利分类、推出中科院专利估值模型、大数据分析匹配、拍卖公告、全国路演招商、线下拍卖会、全国线上拍卖全流程工作。

依据国家知识产权局《知识产权重点支持产业目录（2018 年本）》，中科院知识产权运营管理中心对参拍专利进行了产业分类。其中，新材料产业 257 件、新一代信息技术产业 189 件、智能制造产业 148 件、健康产业 120 件、先进生物产业 81 件、清洁能源和生态环保产业 67 件、现代农业产业 50 件、海洋和空间先进适用技术产业 13 件、现代交通技术与装备产业 7 件，共计 932 件。

中心在拍卖过程中提供专业服务。一是尝试构建符合中科院专利特点的拍卖价格估值模型。从中科院专利的特点（前瞻性强、稳定性弱）、企业对中科院的需求（后续技术支持）、拍卖方式转让（可以竞价）三个维度建立估值模型，具体指标全部采用客观数据指标，具体指标全部采用客观数据指标，不采用主观评价指标。建立三个维度的具体指标体系：技术先进性涵盖专利的原创性和稳定性，如被引用次数、专利分类号个数、复审历史、剩余法律年限、同族专利数量、主题类型、权利要求个数、无效历史、诉讼历史等；技术支撑度涵盖实验室条件、专家团队、承诺后续技术支撑、专利涉及项目情况等；市场关联度涵盖专利可能对应的产品领域、市场规模、经营收入、该类产品涉及专利数量等。二是提供专利与企业需求匹配的大数据分析服务。考虑到专利涉及多个专业领域加上专利本身描述就难以被企业理解，对 30 万元以上起拍价的专利，请专利发明人从技术、产品进行了描述。各个拍卖合作伙伴充分发挥地方政府的优势，征集所在区域企业对产品、技术的描述，中心根据专利与企业两方面提供的描述，提供专利和企业大数据匹配服务，便于地方分会场较为精准匹配和推送中科院专利拍卖的专利信息。中科院知识产权网作为中科院首次专利拍卖的统一展示通道。

本次拍卖采取全国网上拍卖和山东省、江苏省和浙江省地方分会场拍卖会结合的方式。据不完全统计，三省两市共对 26271 家企业进行数据匹配，筛选出 2290 家企业有需求，锁定 317 家企业有明确意向。各省科技厅、技术大市场、转移中心下发文件，召集、宣传各省地市集中路演，重点跟踪宣贯筛选出企业、有明确意向企业，并出台明确政策支持。山东省知识产权局："对通过参加竞价拍卖购买专利的企业，转化实施后，将按比例给予一定奖励和资助，最高不超过 20 万元。"浙江省科技厅关于举办 2018 年浙江省科技成果竞价（拍卖）会中国科学院专利专场的预通知（浙科发成〔2018〕29 号文件）"对通过参加竞拍拍卖购买的专利，符合相关要求的，可以纳入各级发明专利产业化项目；也可以在实施产业化后，按实际成交金额的 20% 给予一次性补助，最高不超过 200 万元。"

国内企业获得科研院所专利主要有三种实现方式：第一是许可，企业已有产品，得到专利许可后，产品上市就不会侵权；第二是参与竞买，拍卖是一种快速的成果转让方式，可以推动科研院所成果快速产业化；第三是协议转让形式，主要适用于价值比较高的专利，企业与发明人深度交流，共同探讨产业化进程，发明人可以长期为企业提供技术支撑。作为三种形式之一的快速成果转化拍卖方式，此次专利拍卖是国内专利运营模式新探索新实践，中科院拍卖获得媒体广泛关注。科技日报、科学网、人民网、地方媒体主动报道，搜狗、百度、360 转载收录，最高浏览次数达 81 万次。

# 第 *18* 章

# 南京理工大学技术转移中心

## 18.1 单位基本情况

南京理工大学是隶属于工业和信息化部的全国重点大学，学校秉承哈军工的优良传统，在六十多年的建设历程中凝练出"以人为本、厚德博学"的办学理念，形成了"团结、献身、求是、创新"的优良校风，已建成以工为主，理、工、文、经、管、法、教等多学科综合配套、协调发展的国家首批"211 工程"重点建设院校。学校十分重视知识产权工作，1986 年起就建设了首批国防专利代理机构，是全国专利工作试点示范高校、国防科技工业知识产权推进工程先进高校，也是国家专利产业化试点基地。

南京理工大学技术转移中心（国家技术转移示范机构）是从事知识产权全过程管理、科技信息服务和成果转移转化的专业化载体，是促进产学研结合的服务机构，代表南京理工大学从事技术转移、成果推广、企业孵化、技术股权的资本运作与管理。中心以"专业、规则、共赢、国际化"为理念，以为科研人员提供一站式技术转移服务、为企业提供菜单式定制服务为目标，在成果协议处置、价值标引评价、基金孵化、高价值专利培育等方面形成了高校技术转移的"南理工"模式。

中心是中国高校技术转移联盟副秘书长的单位之一，负责中国高校技术转移联盟江苏区域的业务开展；是 2018 年江苏省技术转移联盟轮执主席单位，是江苏省中小企业公共服务平台网络的建设运营单位，建成覆盖全省 61 个站点的中小企业技术供给网路体系。2014 年，中心在江苏省知识产权局专利运营机构评估中排名第一；2015 年，成为江苏省首批高价值专利培育示范中心；2016 年以来，在江苏高校技术转移中心考评中位列第一；2017 年以技术转移领域第一名荣获江苏科技服务百强机构。

在国家知识产权局指导下，与知识产权出版社共建了首个面向高校的知识产权运营交易平台——中国高校知识产权运营交易平台。该平台汇聚了国内最优质的专利数据资源，打通高校专利成果主动运营路径，为高校科技成果供给侧改革提供平台支撑。平台建设得到了知识产权出版社、教育部、工信部及国内外众多高校的高度关注和联合共建。

## 18.2　知识产权运营情况

南京理工大学探索形成了市场化进行专利成果的评估分类、专业运营的创新模式，通过保姆式技术转移服务成功促进转化了一批重点成果，取得了较好的服务效果。近年来，学校专利申请与授权量以及发明专利申请量等指标逐年递增。2017 年，学校共申请专利 1877 项，其中发明专利 1744 项；获专利授权 694 项，其中发明专利 581 项，届此，南理工存量专利累计达 7000 余件。2017 年，中心以转让许可方式运营专利 48 项，成交转让 6531 万元，技术股权金额 15100 余万元。学校的智能制造、机器人、新材料、先进焊接等领域的一批专利成果先后在江苏艾兰得营养品有限公司、南京机器人研究院、南京高新复合材料科技有限公司、江苏通用电梯有限公司等企业实施应用，为推进企业创新发展、技术水平提高发挥了重要作用。

在民用爆破器材领域，学校的膨化硝铵炸药、粉末乳化炸药技术已在全国 80 多家企业许可应用，新增产值逾 30 亿元，新增利润 3 亿元以上。

耐高温耐高压双向自平衡截止阀 PCT 专利技术实现在美国、欧盟、巴西、俄罗斯、韩国的申请权转让，为我国相应企业打入国际市场奠定了基础。

攻克并转化实施氧化锆纤维超高温隔热材料的制备技术，生产出替代进口产品氧化锆纤维及制品，将相应制品引用于电炉、转炉等，可实现节能 90% 。

建成国内先进的焊接装备平台，推进先进焊接技术在国防、承压设备、轨道车辆等行业的 50 余家大型企业应用，并获得江苏省成果转化项目 12 项，新增产值约 20 亿元。

实现人源胶原蛋白产业化工作，为化妆品、医疗卫生行业提供高品质基础原材料，推动了相关行业的进步。

在张家港建设了高档数控机床与基础制造装备产业化基地，在天津建成了智能制造展示体验中心，并积极打造智能制造产业链和综合园区，实现了学校优势学科资源的整体转移转化；围绕产业需求，结合学校优势开展了 3D 打印、机器人、焊接装备的专利池构建工作，建设成了江苏省首批高价值专利培育示范中心，依托机器人专利池建设了南京机器人研究院，形成了技术高地塑造、引领产业发展的技术转移新模式。

## 18.3 主要经验或典型案例

近年来，南京理工大学依托高校丰富的科教资源和科技成果，以"物联网＋"思维，围绕解决处置权、专业标定、价值评估、成果可视化展示、定向推送等关键环节，与基金、市场、运营、拍卖等有效融合，建设完善基于技术流向交易、需求流向交易和自动需求与资源匹配服务交易平台，推进高校、企业、市场融合创新，形成了特色鲜明的高校专利运营的"南理工"模式。

一是率先市场化建设技术转移专业机构，组建职业化的技术经理人团队。学校创新体制机制，2010 年 1 月 6 日全资成立了南京理工技术转移中心有限公司，率先启动了高校成果转化运营市场化模式。构建了一支由海归博士、专利代理人、技术经纪人、律师、财务专家等 40 余人组成的职业技术经理人团队，为技术转移提供一站式服务，成为江苏高校第一家市场化进行技术运营的技术转移中心。

二是基于自动数据同步建设了专利仓库管理系统，提升高校规范管理水平。开发了专利仓库管理系统，实现了实基于国家专利数据系统 CNIPR 系统接口的南理工专利仓库系统，可实现专利数据的导入、自动更新、快速统计分析、费用预警、期限预警、专利池构建、二级仓库建立、主题跟踪等功能；可以为知识产权规范管理、分类分层次运营提供工具平台。

三是研究制定高校专利成果标引评价指标体系，解密技术"黑匣子"。结合学校多年知识产权运营经验，组织团队研究建立了高校成果的标引加工体系，解决了专利成果的评价指标、评价方法等问题；开发了信息化加工系统，解决了专利成果的汇聚、加工和展示问题。建立了高校"专利超市"，为技术完成人、需求者、管理者、运营者建立多视角的规范标签体系，从根本上解决供需双方信息不对称、认识不一致问题，实现了技术资源的可视化。超市对每个专利进行了多维度价值标定，实现了专利分类别、分层次，建立了全维度的价值标签。

四是建立技术转移基金，打通成果从实验室样品到产品、商品的转化通道。中心利用转让许可收益的 20%，率先设立高校自主技术转移基金，专门用来孵化和培育专利项目，进行孵化培育。基金的设立弥补了成果从实验室产品产出到商品的环节缺失，打通了成果产业化转化为现实生产力的通道，是提升技术转移效果的重要保障手段。现有校内基金已超过 1000 万元，已遴选人源胶原蛋白、光谱测量仪器、路面弯沉系统等一批高新技术项目进行培育，取得了较好的效果。学校还与市场资本合作设立了南京理工大学技术成果转移转化基金，专用于学校技术成果的转化培育与孵化工作。中心负责项目遴选与培育，遴选确定后采用一次性收购、技术入股、综合模式等进行定制转化。

五是培育高价值专利池，围绕学校优势学科打造技术专利高地，服务产业发展。结合学校重点学科优势和区域产业需求，开展高价值专利集群培育，提供全产业链专利分析与导航服务，探索形成了基于学校优势学科的应用技术优势塑造和产业服务模式。如依托学校先进焊接技术优势，围绕高端装备、轨道交通等产业技术需求，形成了 198 件专利构成的高价值集群，形成了异种材料焊接、焊接智能化等焊接技术高地，研发了 29 套焊接装备，实现智能焊接相关的 40 余项核心专利转化实施；相应技术成果在国防、高档装备、承压设备、轨道车辆等行业的 50 余家大型国企、中小型民营科技企业得到应用，支撑江苏省高档装备、新材料、新能源等 15 家企业实现了转型升级，获得了省科技成果转化项目支持。

六是作为面向高校的首个知识产权运营交易平台，打通高校专利成果主动运营路径。中高知识产权运营交易平台（以下简称中高平台）由南京理工大学联合知识产权出版社、江苏南大苏富特等单位共建，汇聚了权威的数据资源。系统开发、知识产权服务资源，平台是基于物联网＋、大数据的高校知识运营的线上线下相结合的开放式平台，由基于技术流向的技术交易、基于需求流向的技术交易和基于大数据导航的自动需求与资源匹配服务交易三大系统构架而成；通过供需双向标定和智能供给，有效地促进供需资源对接和主动运营。平台构建了高校知识产权大数据加工中心，实现了对高校专利成果进行多维度、多层级的 135 个专利标引，形成了中高平台独创的专利价值综合评价系统，完成了对 90 多万件高校有效专利的自动、半自动的评价标引；中高平台开发推出了"专利宝"、"专利书包"、"PMES（高校知识产权评估标引系统）"、"专利超市"等特色工具产品，实现了高校技术成果与企业创新需求的精准对接，解决了科研人员与企业需求信息不对称的问题，提升了高校知识产权的管理能力，并通过线上线下相结合的模式促进高校与企业的横向科研合作等进展。

## 18.4 基于互联网＋高校知识产权运营平台的实践探索

1. 高校知识产权大数据加工评估标定的指标体系（PMES）

引入文本挖掘、机器学习、深度学习等多种专利内容挖掘方法，构建了以知识产权技术价值、法律属性、市场价值、军事价值等为一级指标，逐级演进的 4 级共 130 余个标签组成的高校知识产权大数据评估标定的指标体系（PMES）。

通过该标定体系，破解高校专利数据可视性差、专利数据大数据迷宫的运营瓶颈；实现高校专利成果的分类分层次管理，提升高校专利成果的管理水平；建立全维度的专利标引体系，极大地助力高校知识产权的运营工作。企业可以方便地通过知识产权标签实现对海量高校知识产权的快速阅读，了解高校的知识产权指标，极大地促进高校的知识产权供给与企业知识产权需求的快速精准匹配。

2. 基于互联网＋大数据挖掘的高校知识产权运营平台

平台包含了"电商体系＋客户体系＋匹配体系"。基于技术流的电商体系由高校的专利仓库管理、知识产权标引加工系统、知识产权的分层次分类别展示以及用户管理、支付、过程跟踪服务等模块。基于需求流，客户体系由精准的企业客户画像、多维的企业信息采集和精准的需求分析等全面的企业需求管理以及全面的增值服务模块构成。基于双向标定的大数据匹配体系实现了标定的知识产权商品、标定的企业知识产权需求的精准匹配，为技术经理人定制了专业的服务平台，彻底解决了供需双方的信息不对称和高校知识产权的主动运营。

3. 面向高校知识产权管理者和科研人员的知识产权管理工具

"专利宝"是为高校知识产权管理者定制开发设计的管理工具，为高校提供知识产权的精准管理、专利托管、预警、交费、专题知识产权数据库的建立、统计、多维度分析、本校"专利超市"的线上自主运营、专利相似度分析等功能，助力高校开展专利创造、管理、运营等工作。该工具的多维度数据分析精准可信，可方便地帮助高校随时盘点知识产权资产，清晰洞察学科、院系、个人等的知识产权现状，可实现面向高校提供 1 对 1 专属的顾问支持，随时响应。

"专利书包"是为高校科研人员定制的知识产权管理，实现科研人员与企业实现实时信息互动的专业化工具。为高校科研人员提供个人知识产权的托管、检索、预警、交费、多维度标定、统计分析、处置权协议及技术交底书签署、企业对知识产权的关注度等功能，同时成为由科研人员自我管理的"个人知识产权推广及与企业家实现网上需求信息互动"的专业工具，助力科技人员开展专利运营、咨询服务等专业化工作。为了方便高校科研人员的使用，加强与企业的实时需求信息的互动，团队成功开发了面向高校科技人员的"专利书包"手机 APP 终端，力争成为广大科技工作者实现知识产权管理与运营必不可少的工具。

# 第 *19* 章

# 西电捷通公司

## 19.1 单位基本情况

西电捷通公司创立于 2000 年 9 月，以领先的网络安全协议技术研发及解决方案作为参与构建全球可信网络重要技术力量的组成部分，显然，"加速全球技术（而非仅产品）流动"有益于网络信任基础的建设，开放的专利运营及其技术转移对实现技术创新价值不可或缺，对于从事网络关键共性技术、前沿引领技术的创新企业至关重要。

**商业模式：**持续投入技术研发。通过与产业合作伙伴通力协作，建立并促进全球网络安全技术标准实施，推动技术进步、改善网络空间公共安全环境。而与之适应的知识产权运营、积极技术转移实现的收益，将会再投至技术研发，以获得更新一代技术或拓展技术创新领域，保障公司的持续经营，这是西电捷通商业模式的核心所在。

**团队：**西电捷通团队是研究员与工程师、技术经济与商业治理创新开发的组合。他们专注于网络安全协议技术研究及其工程实现的开发，致力于企业商业成功的国际开发。

**专注领域：**网络即连接，网络协议是构建网络的基础核心技术，网络安全协议技术是网络协议的基本组成部分，它不仅是网络安全的基石，更是网络协议演进发展的关键所在。西电捷通基于持续的投入技术研发和创新，提出了三元对等（虎符 TePA）网络安全架构，虎符架构技术体系包含 20 余项领先的关键共性技术——网络安全协议技术、物联网安全协议和前沿引领属性的网络空间身份可信技术、隐私保护技术，为四层网络协议（物理/链路层、互联网层、传输层、应用层）提供安全基础架构，涉及有线局域网、无线局域网、移动通信、TCP/IP、近场通信（NFC）、射频识别（RFID）等基础通信网络的安全与可信。

源于技术的开放理念和坚持，西电捷通长期地与全球数十家标准化组织和产业团体密切合作，通过数百次国际标准化会议的积极提案和开放讨论，获得了国际技术政策形成的理解与洞察。深度参与的一系列全球通信网络安全标准开发所提出的技术提案，均率先实现为可交付的产品与技术解决方案，这对响应标准实施所必要的工程技术供给，提升产业与公共安全发展效率的需求至关重要。

虎符系列技术以其优秀能力和前瞻性获国际标准（ISO/IEC 12 项）、欧洲标准（ECMA 3 项）和国家标准（32 项）采纳发布，或成为该领域全球两项技术标准之一，或是唯一。

**知识产权运营：** 在 16 个国家 18 年的知识产权保护投入，形成了 800 多项全球专利的授权或申请，以及数百项软件著作权、商标，中国以外专利授权或申请 500 余项。这些专利是网络安全的重要基础或构成，见证了西电捷通对于安全技术的专业洞察和创新经验。2010 年，进入国际专利申请（PCT）全球 500 强。

创新创造，保护技术发明，是西电捷通知识产权工作的基本原则，创新创造激励制度已执行 17 年。西电捷通通过集成知识产权管理、专利技术授权及法务专业团队的协作，开发管理和运营以专利组合为核心的知识产权运营。专业团队占全员比例约 10%，公司 90% 人员与知识产权运营密切相关。

2013 年获批为国家专利运营试点企业（全国 35 家）和首批国家知识产权示范企业（全国 127 家）。获中国专利金奖两次、优秀奖一次；获国家技术发明二等奖一项、省部级奖项二十余项。

西电捷通同时承担着 ISO/IEC 第一联合技术委员会（JTC1）第六分技术委员会（SC6）中国对口委员会秘书处单位职责，公司有 7 位国际标准化

组织专家，一位标准化专家被任命为 ISO/IEC JTC1/SC6 第一工作组
（/WG1）召集人，一位标准化专家出任欧洲标准组织 ECMA 执行委员会委员。来自瑞士、德国、英国、奥地利等国知名技术和标准化国际专家，优秀的专利律师和法律专家顾问，也包括由诺贝尔经济学奖得主担任董事的国际知名的经济法律咨询机构的专家参与相关工作。

　　全球化格局下，西电捷通始终坚持对企业治理理念的独立思考，追求永续经营，始终将责任与创新视为企业价值观、文化与战略的基础，积极履行社会责任，关爱员工福祉，珍惜合作伙伴，重视生态友好。

## 19.2 知识产权运营情况

　　网络协议的开放性和全球网络互联互通的要求，决定了源于技术全球扩散的专利运营是西电捷通知识产权运营的主线。基于对网络与信息安全技术发展战略方向的前瞻，西电捷通一直在下一代身份可信、隐私保护等前沿引领技术领域，以及物联网安全基础技术领域投入技术研发。

　　在前沿引领技术领域，西电捷通提出了基于三元对等安全理论的实体鉴别技术（TePA-EA）、密钥管理技术（TePA-KM），以及保护实体隐私信息的匿名数字签名技术（ADS-C）。

　　在物联网关键安全技术领域，西电捷通提出了为近场通信安全保障的 NFC 实体鉴别技术（NEAU）、为射频识别空中接口通信提供安全防护的 RFID 安全技术（TRARS），它们能够为物联网基础架构提供诸如防止假冒、伪造、窃听、篡改等攻击的安全防护能力。近几年已进入产业应用部署阶段。

　　这些创新或是面向未来网络信息安全的基础性支撑技术，或是直接赋予着网络本质安全能力。

　　2017 年，西电捷通发明的 NFC 安全、RFID 安全、实体鉴别、密钥管理、隐私保护等技术成果，大部分获相关标准采纳和发布，涉及两项国际标准（ISO/IEC）和两项国家标准。

专利许可：截至 2017 年底，累计向 80 余家厂商发放了专利许可，发达国家企业占比近四成，发放专利许可涉及国内外专利数量超过 200 件。包括无线安全协议技术、数字证书技术、近距离通信安全技术、光网络保密通信技术、可信网络技术和网络通用认证技术等。

截至 2017 年底，已在全球范围内获得授权专利累计近 500 件，其中，美欧日韩等国家和地区的专利占比为 53.6%。2017 年，新申请国内外专利 12 件、获专利授权 10 件（国外 7 件）。

专利维权：2017 年，专利运营面临的最大挑战是巨型企业持续地滥用买方支配地位侵犯知识产权行为，尤其是针对标准专利反向劫持行为不断加剧。西电捷通与索尼移动、苹果公司的专利侵权纠纷案件在 2017 年，持续遭遇来自苹果公司的强行介入索尼案、美国司法长臂管辖、恶意诉讼和制造讼累等诉讼战攻击和消耗，专利运营成本急剧增加，给公司运营带来不确定性。西电捷通认为，产业生态的建设和维护，要有大企业，更要有中小企业的参与，产业需要"参天大树"，更需要"郁郁葱葱"。对于知识产权的运用与保护，西电捷通坚持对大小企业、中外企业、各类所有制企业一视同仁的立场。

标准专利贡献：当前的全球商业竞争，知识产权尤其是专利正在成为国家间竞争的关键要素和重要资源，这一特征演化在 ISO/IEC 国际标准专利声明中体现尤为明显。标准专利声明体现了技术发明者在该标准体系规制的产业范围内所作出的创新性贡献，中国国家标准、中国在 ISO/IEC 国际标准中的第一项专利声明皆由西电捷通完成。

截至 2017 年底，ISO/IEC 的 3012 条专利声明中，美国占其中的 1026 条，日本为 729 条，中国仅为 30 条。中国的 30 条声明共涉及 23 项 ISO/IEC 标准，西电捷通以 11 条（涉及 11 项 ISO/IEC 标准）居国内企业/研究机构首位。

2017 年新增涉及标准专利的标准 4 项。国际标准 2 项，国家标准 2 项。

2017 年，一位标准化专家被任命为 ISO/IEC JTC1/SC6 第一工作组（/WG1）召集人，一位标准化专家出任欧洲标准组织 ECMA 执行委员会委员。

合作：与合作伙伴共建网络信任基础。尊重、开放和积极的技术转移与专利运营，始终是西电捷通与全球 20 多个国家的 500 余家公司（2017 年底）开展实质性合作的基础。其中包括全球 ICT 50 强中的 28 家、全球半导体 20 强中的 12 家、财富世界 500 强中的 57 家、福布斯世界 500 强中的 51 家。

专利赋能已成为影响和决定企业竞争力的战略性要素，专利竞争已不仅体现在技术研发和技术转移本身，提升专利质量、运营质量，以及影响专利运营的经济内在规律、经济法律制度的基础研究同样不可或缺，这也是西电捷通专利运营的重要工作。

2017 年相关工作主要有：专利组合深度运用提升专项工程、高价值专利精益保障专项工程、标准专利反向劫持公益专题研究、重要国家地区的专利维权专题研究、密码协议产业化实践专项研究。

## 19.3　主要经验或典型案例

以虎符（TePA）系列的无线局域网安全技术（WAPI）为例。WAPI 产业联盟相关数据表明，截至 2017 年底，全球支持 WAPI 技术组件的无线局域网芯片出货量累计已接近 100 亿颗，包括手机、网络设备等在内的 WAPI 产品型号已超过 10000 款。WAPI 可能是获全球芯片和信息网络设备应用数量最多的中国技术发明，国内首个相对完整的标准专利（高价值专利）运营探索实践。

### 19.3.1　专利运营创新模式

（1）融入全球网络基础技术与产业的知识产权运营及其技术转移。网络安全协议技术是网络基础技术的核心组成部分，这使得它的技术转移和集成应用将面向"芯片、操作系统以及网络信息设备、具有网络信息功能的产品/设备"，基本涵盖了完整的上下游产业链条，这也是基础技术实现技术转移的重大挑战。西电捷通的收益实现方式：向最终品牌产品/设备厂商发放专利许可，以及产业链希望提供的参考设计和开发工具组合，技术服务等可能带来的象征性收益。

（2）技术全生命周期的知识产权运营体系。西电捷通拥有网络安全协议技术领域从技术研发、专利开发与申请、参与国内/国际标准开发、产业应用服务、标准必要专利许可、专利维权等相对完整的知识产权运营实践和体系保障。

（3）专利许可遵循透明、简单的"尊重与1法则"。依照"公平、合理、无歧视（FRAND）"国际惯例，西电捷通坚持与复杂的知识产权交易方式保持距离，以"尊重与1法则"开展透明的知识产权合作：用一句话、一分钟清晰阐明合作方式，用一周、一个月，甚至更短的时间达成合作，"一站式"收费，对最终产品的品牌厂商实施专利许可后，不再对芯片、系统设计、原始设计制造商（ODM）、原始设备制造商（OEM）等收取专利使用费，以保障有关使用者可无障碍获得许可。"尊重与1法则"许可，使得创新技术及其产品能力能够迅速传递给合作伙伴和任何关注信息安全的业界厂商，使产业各环节因此广泛受益。

（4）国际化的专利运营团队。西电捷通的专利运营基本做到了内外部资源的专业整合。仅以专利申请为例：涉及全球16个国家和地区，需要与30家国内外专利代理机构建立长期合作伙伴关系，其中20家属于中国以外的10余个国家，如全球最大的年金代缴机构等。

## 19.3.2 WAPI 标准专利组合运营案例

（1）专利技术实施。

WAPI的专利组合实施方式主要包括：内部实施、外部实施。西电捷通因所处ICT产业的特殊性——没有任何企业能独自完成产业链中所有环节的技术任务，以及自身"积极的技术研发、技术转移者"的定位，专利组合必然以内部实施为必要，外部实施为充分。WAPI产业目前已形成覆盖"技术与标准研发、芯片设计、系统设计、产品制造、系统集成、运营应用"的完备产业链。

（2）开放式产业合作与开放式专利许可。

为了方便产业合作伙伴高效实施专利技术从而使得产品尽早投入市场和获得回报，芯片设计商、设备制造商及产业和行业相关合作伙伴，均可根据自身需要获得西电捷通专利许可，或是软硬件参考设计等辅助开发工具与技术支持服务。截至 2017 年底，基于 WAPI 发明专利组合获得专利许可的厂商共 70 余家，欧美日韩企业占比近四成。

（3）专利维权。

在西电捷通开展知识产权运营 15 年实践中，一直遵循善意、开放、合作的原则积极与客户沟通，采用友好的方式促进和保障双方合作。

ICT 领域是滥用支配地位的重灾区，西电捷通面临的挑战就是滥用买方支配地位中的侵犯知识产权行为和不正当竞争等问题。个别巨头企业长期使用西电捷通专利技术，拒绝就使用专利问题与西电捷通进行实质性磋商，损害了西电捷通的合法权益，致使企业在技术创新上的大量投入无法按照市场规律获得合理回报，技术持续研发和创新得不到保障。在穷尽其他可以选择的方式之后，只能寻求法律途径解决问题。

2015 年 6 月 29 日，西电捷通在北京知识产权法院对索尼移动通信产品（中国）有限公司（以下简称索尼移动）提起专利侵权诉讼，请求判令被告立即停止使用原告专利方法，立即停止生产、销售、许诺销售使用原告专利权的手机产品；赔偿经济损失等。该案被业内称为中国标准必要专利第一案。

2015 年 8 月，索尼移动针对西电捷通相应专利向专利复审委提出无效宣告请求。2016 年 3 月，其无效宣告请求被驳回，西电捷通专利被维持全部有效。索尼移动未对专利复审委作出的决定提起行政诉讼，相应决定生效。

2017 年 3 月 22 日，北京知识产权法院宣判索尼移动侵犯西电捷通专利权事实成立，判其立即停止侵犯涉案专利权行为，支持西电捷通"以许可费的 3 倍"确定赔偿数额，判令索尼移动赔偿西电捷通 862.9 万元以及合理支出 47.4 万元。

北京知识产权法院指出：该案"不仅涉及专利的授权和保护标准，而且涉及不同领域的核心专利以及世界各国热议的前沿问题，此类案件的审理结果很可能成为调整产业发展方向的指南针，成为提升行业创新水平的源动力"。

2018 年 3 月 28 日，该案二审在北京高级人民法院终审宣判：驳回索尼移动上诉，维持一审判决。中国专利保护协会对该案评价"必将成为我国严格知识产权保护的里程碑事件"。

西电捷通长期参与全球网络安全协议技术的发展和演进，在网络安全领域的基础研究和核心技术开发，是一项面向全球产业进行技术研发、技术转移和技术产业化、知识产权运营的探索实践工程。

面向全球市场的技术研发、技术转移和开放合作是西电捷通的企业基因。面向全球的全产业链合作，它同技术创新历程一样，既是西电捷通的成长史，也是其开拓未来的能力之一。分享未来发展机遇，构建产业良性生态环境，不只是良好愿景，更是西电捷通一以贯之的实践。西电捷通不断创新，与合作伙伴共同推动产业发展，并将其迅速转化为强健全球网络安全能力的技术与创新价值。

# 第20章

# 深圳市大疆创新科技有限公司

## 20.1 单位基本情况

深圳市大疆创新科技有限公司（以下简称大疆创新）是全球领先的无人飞行器控制系统及无人机解决方案的研发和生产商，客户遍布全球100多个国家。通过持续的创新，大疆创新致力于为无人机工业、行业用户以及专业航拍应用，提供性能最强、体验最佳的革命性智能飞控产品和解决方案。大疆创新成立于2006年，始终以领先的技术和尖端的产品为发展核心。从最早的商用飞行控制系统起步，逐步研发推出了ACE系列直升机飞控系统、多旋翼飞控系统、筋斗云系列专业级飞行平台S1000、S900、多旋翼一体机Phantom、Inspire、Mavic、Spark以及Ronin、Osmo三轴手持云台系统等产品。大疆创新产品从无人机飞控系统到整体航拍方案，从多轴云台到高清图传，已被广泛运用于航拍、电影、农业、地产、新闻、消防、救援、能源、遥感测绘、野生动物保护等多个领域，并不断融入个人电子消费市场，大疆创新已然是消费级无人机市场的领头羊。

大疆创新于2009年12月15日成立知识产权管理部门，负责知识产权相关工作，统管公司在全球范围内的知识产权申请、许可、争议、诉讼等各类事务。公司层级的知识产权管理部门内设多个分支，分别负责专利撰写与取得、专利实施与许可、情报收集与分析、专利纠纷处理、商标申请与维护、著作权与软件的保护、反不正当竞争、海关保护等。现有专职从业人员30余人，大部分有多年大型集团公司及知名事务所的知识产权从业经验，其中具有中国专利代理人资格的员工 13 名，具有美国专利代理人资格的员工 2 名、具有中国律师资格的员工 10 名、具有美国律师资格的员工 3 名。

大疆创新的知识产权管理遵循统一管理、分工协作、规范有序的原则。知识产权部负责知识产权的管理工作，下设知识产权专员，负责相关知识产权的管理和具体工作，主要包括：（1）制定知识产权各类管理规定，协调知识产权管理工作，划分各岗位的管理范围与职责，指导、监督、检查其他部门的知识产权管理工作；（2）审核业务部门的申请；（3）代表本公司负责知识产权的申请等对外工作；（4）代表本公司负责知识产权纠纷处理、诉讼等对外工作；（5）参与签订或审核涉及知识产权内容的各类合同、协议；（6）组织宣传和学习有关知识产权的法律知识并交流经验；（7）其他与知识产权相关的事务。

大疆创新作为一家以技术带动品牌发展为核心竞争力的创新企业，素来高度重视知识产权。在完善的知识产权制度和规范管理下，公司至今累计申请已公开专利达 5700 余件，累计授权专利 2100 余件，PCT 申请 2200 余件，涉及螺旋桨、导航系统、图传通讯、云台增稳、飞行控制、悬停增稳、计算机视觉等技术领域。在注重专利池建设的同时，大疆创新在商标和著作权的权利取得与保护上也一直走在深圳企业的前列。自知识产权部门成立至今，大疆创新在全球范围内的商标申请量已达 3800 多件，已获得注册的商标 1100 多件，其中国内获得注册商标近 200 件，国外获得注册商标 900 余件，已展开商标布局的国家与地区 60 余个。

## 20.2 知识产权运营情况

整体上，我国专利运营仍处于探索阶段。就大疆创新而言，大疆创新是技术驱动型公司，重视研发和技术，知识产权布局以产品技术为导向，服务于为产品保驾护航。

公司在无人机相关领域积累了大量高质量知识产权，并愿意以其知识产权推动无人机行业的进一步发展。不过从目前的情况看，大部分的无人机企业仍然处于发展的前期，其寻求相关知识产权许可的意愿较低。因此，在专利转让和许可方面，大疆创新仍然处于探索阶段。在质押和投融资方面，由于大疆创新有着良好的公司运营，因此，对于这方面的需求较小。

就现状而言，大疆创新知识产权运营的重心仍在于维权。将知识产权运营的重心放在维权端，究其原因，还是由无人机产业的现状决定的。如上所述，在无人机产业，真正有研发能力和商业化能力的企业屈指可数，反而是存在一些不尊重他人知识产权的企业。这些企业恣意侵害他人知识产权，给大疆创新以及整个市场都带来了不良影响。

大疆创新自 2015 年年中开始建设知识产权维权团队。该团队隶属于知识产权部，至今已发展成为由六位固定成员和多位机动成员组成的团队。该团队自 2015 年起设有固定的维权专项支出，主要负责大疆创新在所有国家的知识产权维权等业务。就 2017 年大疆创新知识产权团队的维权成果而言，在欧洲发起三次大规模维权活动，并获得四个禁令，有效打击了四个侵权产品制造商和数十家销售商。在中国，已结数十起专利诉讼案，胜诉率达 100%，获得赔偿数百万元。

## 20.3 主要经验或典型案例

以研发为导向的大疆创新认为，知识产权属于公司的重要资产，应该像公司其他资产一样，能为公司带来价值。这种价值不仅仅体现在知识产权的获取过程中，更加应该体现在知识产权获权后的运营过程中。只有让这种资产"运动"起来，才能凸显知识产权对企业的价值。而通过在后端价值的体现，又能促进在前期获得更高质量的知识产权，从而整体上促进企业的研发。因此，大疆创新认为，知识产权运营不仅仅是实现知识产权自身价值的重要手段，也能为整个企业乃至整个社会重视知识产权起到重要的作用。因此，知识产权运营在大疆创新的知识产权战略中具有重要的作用和地位。

2017 年度在知识产权运营方面，大疆创新针对市场上存在的涉及电池专利的大规模侵权行为，进行了相关的维权。简要介绍如下。

### 20.3.1 案件背景

2016 年下半年大疆创新陆续接到消费者投诉，直指大疆创新飞行器的电池有续航能力差、寿命短、漏液等问题。大疆创新紧急排查，发现市面上存在仿冒大疆创新某热卖飞行器的电池，仿冒产品与大疆创新产品外观相同，外部功能相似，但价格低廉，由于仿冒电池各种电子元件的质量得不到保障以及缺乏电池智能管理系统，消费者在后期使用电池时很容易出现上述问题，这给大疆创新造成了严重的负面影响。考虑到劣质电池整体上产业链比较成熟，制造商往往是一小波人凑一起就能作业，转而又通过网上购物平台和线下代理销售。因此，侵权产品量多，销售分散，制造隐秘，给维权增加难度。

### 20.3.2 维权目的

首先，尽快销毁所有侵权产品、停止侵权；其次，对于有优良制造能力及销售能力的企业，如果符合条件，可以谈判进行许可授权。最后，寻求侵权人赔偿，通过赔偿一方面弥补维权的费用，另一方面在整个电池仿冒产业链上形成威慑。

### 20.3.3 整体策略

针对不同的侵权行为，采用了不同的维权策略：

（1）针对网络平台上数量较多但比较分散的侵权人，如果其销量较少，则通过在网络平台发动知识产权投诉，以节约维权的时间成本和金钱成本。

（2）针对部分实体侵权销售商请求当地市场监督管理局或知识产权局进行专利调处，快速拿到侵权禁令。

（3）针对销量巨大的侵权销售商和制造商，迅速固定证据，在法院进行诉讼，以增加威慑力。

（4）对于符合条件的制造商，对其授权收取许可费。

### 20.3.4 具体措施

（1）调查分析侵权产品，建立侵权产品监测表。

首先，通过线上调查分析，初步建立侵权产品监测表。由于网络平台对于入驻平台的销售商有一定准入资格，销售数据和销售主体资格信息一目了然，调查成本低。通过对淘宝、天猫、亚马逊、京东等电商平台进行调查，建立侵权产品监测表，监测信息包括店铺信息、店铺运营主体信息、运营主体类型（公司、个体工商户、个人）、侵权制造商主体信息、在售侵权产品型号、价格、在售侵权产品销量、侵权产品库存、侵权产品链接等。特别是，由于仿冒产品本身管理不规范，侵权产品可能会出现一个型号对应多个产品或者一个产品有多个型号等情形，增加了向行政机关或法院请求处理时的困难，对此，应当细致确定侵权产品。

其次，在线上对侵权产品涉及的侵权销售商初步筛选之后，通过跟卖家沟通，以及通过查阅侵权产品印刷信息或包装信息，初步获得侵权产品的销售商和制造商信息。然后，再通过网络检索进一步丰富侵权产品的销售商和制造商信息。对部分侵权制造商可以联系调查员以采购商身份进入该工厂，向负责人了解该厂生产、经营情况，且对仓库进行参观、取样。经过对线上数十家侵权产品销售商和线下多家侵权制造商进行调查，针对侵权产品销售商和制造商建立了完备的侵权产品监测表，为后续维权、调查取证打好基础。

（2）选取权利基础有效稳定的专利。

大疆创新不仅通过多个专利覆盖一款产品，而且一个产品涉及的每个技术点还会有多个专利进行保护，从而实现对公司产品和技术全方位的保护。当打击侵权产品时，亦有多个专利可供选择。对于维权专利的选取，主要考虑以下几个因素。一是侵权判断的难易程度；二是权利基础的稳定性[①]。

---

[①] 截至 2018 年 6 月，该案中用于维权的实用新型专利已经被提起三次无效宣告请求，均被专利复审委员会维持全部有效；用于维权的外观设计专利，目前处于第一次无效程序当中。

从侵权判断的难易程度来看，一般来说，外观设计专利最为容易判断侵权与否，实用新型专利次之，而发明专利相对来说判断侵权与否较为困难。考虑到此次维权相当一部分是通过网络平台来进行，如果涉及较为复杂的侵权判断，一是很难通过网络平台促使其产品下架；二是即便最终产品下架，也可能会花费更长的时间。这无疑和此次维权目的相悖。因此，本案中优先选择了一件外观设计专利（ZL 201430085726.0）。同时考虑到在法院诉讼中，外观设计专利的赔偿相对较低，因此，同时选择了一件实用新型专利（ZL 201320802925.9）。在选择该实用新型专利时，也充分考虑到侵权判断的难易程度。选择的该实用新型专利，通过结构上的简单比对，即可判断侵权，有利于网络平台、行政执法机关、法院更为快速地作出侵权判断。

从权利基础的稳定性来说，由于实用新型专利和外观设计专利没有经过实质审查，稳定性不如发明专利。因此，在选择上述专利时，要对其稳定性进行充分的事先评估。对于其中的外观设计专利，已经有正面的专利权评价报告。对于其中的实用新型专利，其已经经过专利无效程序并获得了全部维持。同时，大疆创新还对其进行了额外的现有技术检索。综合评估，上述两件专利具有较好的稳定性。

（3）针对性维权。

①线上投诉。

现在电商平台都有相对完善的知识产权投诉机制，但是电商平台处理投诉的人员一般在处理涉及商标、版权、外观设计等非技术性范畴的侵权事宜方面，具有较多的经验。而对于技术专利，例如实用新型专利及发明专利，电商平台的处理人员往往无力判断是否侵权，且容易被被投诉方提供干扰性证据干扰，导致投诉失败。因此，对于线上投诉，同样需要按照要求认真准备材料。尤其是在涉及侵权比对方面，需要详细分析被投诉产品如何落入专利的保护范围。如果有第三方出具的侵权分析报告，可以大大增加说服力。

另外，若使用专利投诉，电商平台一般会要求出具专利评价报告，因此对于热销产品的专利可以尽早在授权后请求专利评价报告。

②专利侵权行政调处。

专利侵权行政调处程序简单、快速，加之受理专利侵权纠纷的行政机关作出的行政决定有约束力、公信力和执行力，对于线上投诉是极好的补充。同时，其作出的决定又可以在向电商平台投诉或法院起诉中作为证明力较强的证据使用。在本案中，大疆创新不仅通过某市场监督管理局进行了行政维权，达到了停止侵权的目的；同时，还将该决定作为证据对侵权产品进行投诉，达到了快速、大批量消灭分散且销量少的侵权销售商的在售侵权产品的目的。

③专利侵权诉讼。

诉讼周期较长、程序严格、成本高，但专利侵权诉讼是众多维权手段中对权利人的保护最全面的。特别是针对某些侵权制造商的诉讼，可能涉及地方保护利益，通过专利侵权诉讼可以有效规避地方利益，对权利人更有利。同时，无论是对于赔偿还是对于许可，诉讼都是很好的谈判筹码，侵权人迫于诉讼的压力而愿积极和解赔偿或寻求许可。在 2017 年诉讼的 30 余起电池专利中，判决赔偿的仅占 8 起，其余都通过和解赔偿或收取许可费有效地解决了纠纷。

# 第 *21* 章

# 中铁第四勘察设计院集团有限公司

为响应国家创新发展战略要求，推动以专利为核心的知识产权运营，中国铁建成立知识产权中心，出台《中国铁建股份有限公司专利转化收益分配管理办法（试行）》。办法推行以来，全系统专利转化效益快速提升，"铁路简支梁桥用球型支座"等134件专利许可收益累计达3.23亿元；自行实施"双块式无砟轨道的施工装备和施工工艺"、"铜镁合金接触线的制备方法"等专利技术，创造营业收入30多亿元，创汇1500万美元，专利对企业发展的贡献度明显提升。下面以中铁第四勘察设计院集团有限公司（以下简称铁四院）为例介绍中国铁建的知识产权运营情况。

## 21.1 单位基本情况

铁四院是中国铁建股份有限公司的全资子公司，总部设在湖北省武汉市，为国家大型综合性勘察设计和研究咨询单位、国家高新技术企业，拥有国家认定企业技术中心、院士专家工作站、研创中心、水下隧道技术湖北省工程实验室、铁路轨道安全服役湖北省重点实验室和企业博士后科研工作站等科技创新平台。全院共有工程技术人员4000余人，拥有全国工程勘察设计大师3人，教授级高级工程师390余人，高级工程师1700余人，各类注册执业资格1000余人次。

铁四院创建并确立了高速铁路、现代铁路站房、水下隧道、城际铁路、市域铁路、磁浮轨道交通等"六大核心品牌"；路网规划、铁路枢纽、复杂山区铁路、重载铁路、铁路现代物流、城市轨道交通、桥梁、四电集成等"八大成套技术"。业务领域覆盖铁路、公路市政工程、城市轨道交通、水下隧道、高层建筑、机场、港口工程、物流规划、城市地下管网、海绵城市建设、城区一体化建设等基础设施建设各方面，构建了勘察设计、工程总承包、监理咨询、海外工程、资本运营、房地产和高端制造七大业务板块。

根据国家标准《企业知识产权管理规范》（GB/T 29490-2013），结合铁四院实际情况，编制了知识产权管理体系文件（2017年版），明确企业知识产权方针："推进科技创新，服务勘察设计，打造知识产权强企"。成立知识产权部，着力强化公司知识产权创造、保护和运用，截至目前，铁四院拥有有效专利1000余件，注册商标47件。

## 21.2 知识产权运营情况

铁四院知识产权转化实施遵循"战略引领、效益优先、风险可控、持续发展"的原则，以大力推动专利产品工业化生产为目标，有效支撑公司高端制造业务板块快速发展。专利转化实施按照"集团公司集中决策、知识产权部归口管理、生产单位具体实施"的管理体系进行。知识产权管理委员会是专利转化实施的集中决策机构；知识产权部是专利转化实施的归口管理部门，负责专利转化实施的日常管理工作；相关职能部门是专利转化实施的监管部门，参与专利转化的方案审查、合同评审、财务监督等工作；生产单位是专利转化具体实施主体。

近几年来，铁四院通过完善知识产权管理制度、引进知识产权专业人才、开展技术项目专利挖掘和布局等一系列措施，使得专利申请量、专利授权量以及发明专利授权量大幅度增长，排名已跃居行业内第一位，发明专利的授权量已遥遥领先。尤其针对中低速磁浮技术开展专利分析布局工作，在该领域布局专利300余件，通过PCT途径申请专利30余件。2017年，铁四院专利申请量与授权量分别为748件和360件，其中发明专利的申请量与授权量分别为 312 件和 155 件，通过 PCT 途径提交国际专利申请 17 件。公司专利在桥梁构造，路基结构、路堤结构、支护结构、路堑结构，铁路轨道及附件，隧道结构、隧道防护设施与系统；铁路附属工程等领域具有较大的优势。

2017 全年，铁四院成功将具备自主知识产权的铁路简支梁桥用球型支座、具有球而不锈钢滑板的球型支座、盆式球型支座、高效客货共用换轮工艺、通信漏缆夹具、牵引变电所馈线电流保护方法、铁路沉降自动监测系统等多项专利技术成果进行许可应用，共签订专利实施许可合同 80 余项，合同额达 1.35 亿元，收款额 6100 万元。2017 年铁四院实施许可、转让专利一览表参见表 21 - 1。

表 21 - 1　2017 年铁四院实施许可、转让专利一览表

| 序号 | 专利名称 | 申请号 |
|---|---|---|
| 1 | 铁路简支梁桥用球型支座 | ZL 200920091619.2 |
| 2 | 具有球面不锈钢滑板的球型支座 | ZL 200920224219.4 |
| 3 | 用于铁路混凝土桥梁的弹性体伸缩装置 | ZL 200920293092.1 |
| 4 | 兼容 2 种动车 8 编组或 16 编组地坑架车机举升轨控制装置 | ZL 201220259988.X |
| 5 | 兼容 2 种动车 8 编组或 16 编组架车机自动对位控制装置 | ZL 201220259493.7 |
| 6 | 高效客货共用换轮工艺 | ZL 201210423308.8 |
| 7 | 盆式球型支座 | ZL 201420726531.4 |
| 8 | 一种用于漏泄同轴电缆的夹具 | ZL 201420405407.8 |
| 9 | 一种牵引变电所馈线电流保护方法 | ZL 201410808481.9 |
| 10 | 路堤剖面沉降监测装置 | ZL 201420071136.7 |
| 11 | 一种适用于机场专线城市值机行李托运的行李集装箱 | ZL 201620241551.1 |
| 12 | 抗振防松通风系统及通用方法 | CN201610849917.8 |
| 13 | 一种铁路机房用双系统空调 | CN201710260540.7 |

## 21.3 主要经验或典型案例

### 21.3.1 制定专利转化实施管理办法

根据中国铁建股份公司《关于印发〈中国铁建股份有限公司专利转化收益分配管理办法（试行）〉的通知》（中国铁建科设〔2017〕187号）有关要求，结合铁四院专利转化实际情况制定《中铁第四勘察设计院集团有限公司专利转化实施管理办法》（四院知产〔2017〕540号）。

为鼓励专利转化实施，铁四院对专利自行实施收益暂不收取管理费用，对专利作价入股和专利权转让、许可按一定的比例收取管理费。生产单位的专利转化实施由知识产权部会同有关部门负责考核，并纳入集团公司整体考核。

（1）专利自行实施的收入，在扣除产品制造、市场营销、税金及附加等成本后，连续5年每年提取2%作为对专利申请、专利产品研发人员的奖励，结余可计提工资及工资附加费，计提后不得出现亏损。

（2）专利作价入股的收入，按照集团公司与生产单位30%对70%的比例进行分配。生产单位所得部分作为生产单位专利转化收入，并连续五年提取年度收入的5%作为对专利申请、专利转化作出重要贡献人员的奖励，结余可计提工资及工资附加费，计提后不得出现亏损。

（3）专利权许可、专利权转让收入，知识产权部按照收入的60%划拨到生产单位，作为生产单位代发奖金，由生产单位发放，生产单位须将所得奖金的50%发放到成果完成人（或课题研究人员）手中；收入的5%（当收入超过2000万元时，超过部分按2%提取）作为对组织、审查、推广以及其他对转化作出贡献人员的奖励，由知识产权部发放；其余部分留集团公司。

（4）为促进高端制造板块加快发展，提高专利转化实施的积极性，公司年终将根据转化实施情况对相关单位及个人给予奖励。全年完成产品销售收入不超过 2000 万元时，给予销售收入 2% 的奖励；销售收入超过 2000 万元时，超过部分按 1.5% 奖励；销售收入超过 5000 万元时，超过部分按 1.0% 奖励；销售收入超过 1 亿元时，超过部分按 0.5% 奖励。奖励按贡献分配，不搞平均主义。奖励发放范围包括专利申请、产品研发、产品推广等环节的主要人员。

## 21.3.2 专利转化情况

2017 年，公司的铁路简支梁桥用球型支座、具有球面不锈钢滑板的球型支座、高效客货共用换轮工艺、一种漏泄同轴电缆夹具及其配合使用的弹性体护套等多项专利技术成功许可转让应用，并组织签订了多项专利许可和转让合同，全年专利转化收益共计 6126.79 万元。全年已转化专利共支出专利维护费用 1.4035 万元，专利转化收益产生税费共计 133.6375 万元。扣除相应成本后，公司 2017 年转化净收益为 5991.749 万元。按照《中铁第四勘察设计院集团有限公司专利转化实施管理办法》（四院知产〔2017〕540 号）第十五条的规定，将专利许可转让收入中的 3858.5 万元作为对专利创造及专利许可转让作出贡献的相关单位和人员的奖励，其余 2268.29 万元列入公司收入。

为加快集团公司专利成果转化运用，促进高端制造业务发展，知识产权部组织开展了 2017 年度专利产品研发项目的遴选工作，从申报项目的专利技术优势、产品竞争能力、生产加工方案、经济效益等方面进行逐级审查，筛选出"PFF 整体式复合反滤层"等 16 项技术先进、市场前景广阔、有产业化优势的专利技术集团公司投入产品研发基金。

公司陆续开展研发的"移动式隧道施工救生舱"、"新型桥梁伸缩缝"、"既有线快速复测测量车"等专利成果已经陆续完成研制，其中：隧道施工救生舱已成功运用在昌赣铁路施工项目中，填补了国内隧道安全施工领域市场的空白；新型桥梁伸缩缝应用于赣深、张吉怀高铁项目中，成功研制投产并签订销售合同，既有线快速测量车已研制完成；双电源防雷配电箱屏障安全门已通过产品测试与评审。

### 21.3.3 公司专利价值度分析

知识产权价值评估是知识产权转化实施的基础和前提，公司出台了《知识产权评估管理办法》、《合同中知识产权管理办法》等，着力提升公司知识产权质量，推动专利的转化运用，定期分析公司专利总体质量情况。在企业重组、技术合作、知识产权权属变更、许可转让、投融资前需进行知识产权评估。为进一步提升公司专利的质量和推动专利的转化运用，利用专利分析系统 IncoPat 科技创新情报平台开展专利价值评估工作，有效掌握公司专利的总体质量情况。从技术稳定性、技术先进性、保护范围等多维度对专利进行价值度评估。通过数据挖掘的方式，聚焦高价值专利，提高专利运用效率。

在大力推进专利转化的同时，也制订了高价值专利培育计划和措施，具体如下：

培养一批知识产权专员，深入重大科研课题的研发过程中，参与课题研发，全程跟踪，和研发人员适时对接，找准研发的起点、重点和方向，避免低水平研究和创新。

对代理机构的代理质量进行管理，引入第三方监控机制，严格控制为获取数量而进行的专利申请，保证专利的申请质量。

针对重点项目，从市场和战略层面做好国内外的专利分析和布局，在有市场前景的国家和地区作好专利布局。

结合公司的市场控制力联合科研院所、制造企业，推进先进技术的运用，生产具有市场竞争力的专利产品。

引入专业的专利运营服务机构，通过市场为导向的专利成果转移机制，采取专利许可、专利入股等方式促进高质量专利成果的转化，将更多的"知产"转换为"资产"。

中国铁建知识产权运营将以知识产权中心为抓手，积极对接全国知识产权运营公共服务平台和产业知识产权运营基金等国家运营资源，推动全系统专利资产以优化组合的方式进入市场运营，实现无形资产的保值增值，打造企业新的经济增长点，助力中国铁建创新发展和大海外战略。

# 第 $22$ 章

# 北京知识产权运营管理有限公司

## 22.1 单位基本情况

北京知识产权运营管理有限公司（以下简称北京 IP）是北京市委市政府为积极促成"知识产权商用化公司试点"而倡导设立的专门从事知识产权运营的国有机构，是我国知识产权运营事业的先行者、探索者和实践者，中关村发展集团加快建设具有全球影响力的服务科技创新的大型企业集团的重要组成部分。致力于探索实践以"盘活知识资产、促进价值实现"为导向的知识产权运营创新模式，加速高质量和高（潜在）价值知识产权的创制、收储、运营，支撑高新技术产业和科技企业行动自由，推动形成公平、合理、无歧视的知识产权运营生态环境，为北京建设全国科技创新中心、中关村国际化发展提供知识产权平台支撑。

围绕中关村创新生态链，形成了"1＋2＋N"知识产权运营服务体系，即 1 个协同平台——"聚焦三类主体，整合三类资源、打造三项能力"的"333"知识产权运营协同服务平台，2 个业务板块——知识产权运营服务、知识产权金融服务，N 个特色产品——知识产权评价分析、知识产权基金、知识产权质押贷款（智融宝）、高质量和高（潜在）价值专利培育运营、中关村知识产权运营服务平台（IP Online）、专利与金融大数据智能分析、知识产权资产证券化、海外专利联合布局等。

北京 IP 成立于 2014 年 7 月，注册资本金为 1 亿元，由中关村发展集团、海淀区国资经营管理中心、北京亦庄国际投资公司、中国技术交易所共同出资成立。

北京 IP 现有员工 49 人，组建了一支高水平、复合型的专业知识产权运营团队，核心业务骨干多毕业于清华大学、北京大学、中国人民大学、伦敦大学、加拿大多伦多大学等海内外名校，拥有集团管理、知识产权、产业投资、科技金融、法律、科技服务等行业多年从业经验，在成果转化和产业化、专利检索分析和价值挖掘、专利交易与许可、知识产权金融、知识产权基金等方面具有显著优势。

北京 IP 入选我国首个国家级知识产权发展联盟常务理事单位，获得国家级知识产权分析评议服务示范创建机构、中国知识产权交易联盟常务理事单位、北京高校科技成果转化服务众筹联盟副理事长单位、首都知识产权服务业协会理事单位、北京知识产权保护协会理事单位、中关村高新技术企业、中关村天使投资联盟会员单位、中关村知识产权投融资服务联盟会员单位等资质荣誉。

依托中关村优势资源，公司搭建了知识产权运营国际合作网络，与斯坦福大学、渥太华大学、特拉维夫大学、北京大学、北京工业大学、中国科学院等国内外大院大学大所建立密切关系。与知识产权出版社、中国专利信息中心等知识产权服务机构，北京银行、建设银行、华夏银行、北京首创融资担保、中关村科技租赁、中关村科技融资担保等金融机构开展业务合作。在北京建设全国科技创新中心三大主平台之一的怀柔科学城、中关村软件园、中关村生命科学园、中关村集成电路设计园、中关村军民融合网络与信息安全产业园等 13 个园区建立"北京 IP 知识产权服务工作站"。

## 22.2 知识产权运营情况

成立三年多来，在我国知识产权运营相关政策、体制机制尚未完善的大环境下，北京 IP 积极探索促进知识资产转化为经济动能的"北京模式"，在推动知识产权与金融资本、产业发展有效融合，精准服务科技创新创业方面取得有益经验，主要表现在以下几个方面：

一是探索破解知识产权质押贷款模式瓶颈，智融宝产品获市场认可。针对中关村大量以知识产权为主要资产，高成长性双创企业融资难、融资贵的问题，公司充分运用知识产权运营理念，结合双创企业普遍具有的债权高风险性、股权高成长性、知识产权高附加性的特点，创新推出国内首个以知识产权为唯一质押物的融资产品智融宝，以贷先行、知识产权运营＋投贷联动，实现了商业模式创新；与海淀区政府共建首期规模 4000 万元的中关村核心区知识产权质押贷款风险处置资金池，为银行贷款提供全额的风险处置，可撬动银行贷款规模，实现了风险处置及风险补偿机制的创新；采用"知识产权价值评估＋知识产权评价分析"双重评价体系，实现了企业知识产权价值评判方法的创新。自 2017 年至 2018 年 4 月底，公司累计决策智融宝项目 81 个、授信 3.3 亿元，合作银行批准项目 49 个、批贷 1.76 亿元，三成以上为拥有核心技术的初创企业，三成以上为首次获得银行贷款。有效盘活企业核心知识产权 358 项，重点积累 RFID、WIFI 及液态金属等细分技术领域高质量专利，成功挖掘两家专利优势企业作为科技"小巨人"重点培育对象。

二是获评"国家知识产权分析评议服务示范创建机构"，推出可定制化的专利大数据评价分析产品。高质量和高（潜在）价值知识产权挖掘分析能力得到国家知识产权局认可。针对政府部门、投资机构、科技型企业的实际需求，推出专利大数据分析解决方案，通过精准挖掘专利大数据中的技术、法律、商业信息，为产品研发、投融资、政策制定等各类经济科技活动提供决策支撑。截至目前，已为公司质押融资业务出具知识产权评价分析报告 80 多份，对外完成《中欧美日韩、北上深杭专利情况对比分析》《液态金属技术分析报告》《康奈尔大学基因甲基化癌症检测项目知识产权制度顶层设计》等专题分析近 20 余份，涵盖石墨烯、锂电池、液态金属材料等多个重要领域。

三是北京 IP 基金系雏形初显，以市场化方式股权投资一批高质量和高

（潜在）价值专利项目。成功设立公司首支知识产权运营基金即北京春晓智航股权投资基金，首期规模1亿元，重点投资于信息技术、医疗健康、节能环保、新材料及智能智造等领域创新型科技企业。发起设立首期总规模2.5亿元的智融宝投贷联动股权投资基金，其中公司出资1000万元，撬动社会资本25倍，主要用于开展智融宝投贷联动业务。

四是集聚知识产权、资本、服务等要素，建成了中关村知识产权运营公共服务平台IP Online。平台自2017年4月20日上线一年来，共推出可供交易与投资的精品专利近2万项，智能传感器、新材料、生物医药等领域高质量专利包5个，提供专利评价咨询2000余次，促成北京工业大学等高校院所专利转移转化10余次，吸引高校院所、科技企业、律师事务所、金融机构、服务机构等50余家单位入驻，访问量突破12万次，有效促进了知识产权、资本和服务的相互交互，为"互联网＋知识产权服务"发展起到了示范作用。

五是积极谋划建设中关村重点产业专利防御体系，针对石墨烯、锂电池、液态金属等中关村战略性新兴产业领域，开展国内外专利情况摸底，形成智能传感器领域高质量知识产权培育运营研究成果。努力在先行先试上展现新作为，开展专利大数据与金融大数据融合运用、知识产权资产证券化、海外专利联合布局等新产品的研发。

## 22.3　主要经验或典型案例

### 22.3.1　SPV股权投资

（1）产品介绍：聚焦重点产业的关键技术、核心技术、前沿技术，以知识产权运营为目的，以股权投资为表现形式，通过"IP创制＋运营"、"IP保护＋运营"、"IP管理＋运营"，实现科技成果/知识产权的商业价值，获得丰厚资本回报。

（2）典型案例——狂犬病毒检测试剂盒产业化项目。

技术背景：我国是世界第二大狂犬病流行国，全国每年死亡人数超过

2000 例，发病致死率几乎为 100%。但是，欧美国家的狂犬病毒荧光抗体检测产品限制向国内输入，而目前国内现有技术无法准确检测狂犬病疫苗注射后是否能产生足够抗体。该项目是在中国疾病预防控制中心病毒病学研究所的倡导下，由知识产权持有人组织开发的新型产品，填补了国内空白。

项目介绍：博雅晟康项目是公司 SPV（Special Purpose Vehicle，特殊目的公司）股权投资"IP 创制 + 运营"模式的首次实践，也是北京 IP 成立以来的第一个股权投资项目。针对中关村某生物医药研发企业的狂犬病毒荧光抗体检测试剂盒技术，2015 年，北京 IP 经专利评价分析，联合其他天使投资人共同出资，该技术团队以"狂犬病毒荧光抗体检测试剂盒"非专利技术作价及少量资金入股，共同发起成立北京博雅晟康医学科技有限公司，并入驻"北京 IP 孵化工场"。北京 IP 针对该项目开展了专利创制、布局及技术研发、产业化等综合运营。两年时间，该项目实现了从技术到专利、专利到产品、再到商品的发展过程，获得了中国发明专利，并进行印度等海外专利布局，申请了试剂盒产品的生产注册许可证，建立了 GMP 生产车间，奠定了产业化基础。该项目已于 2017 年实现增值退出，两年投资期内年平均投资收益率高达 20% 以上，取得良好投资收益。

## 22.3.2 知识产权质押贷款（智融宝）

（1）产品介绍。

①普惠贷：为拥有核心知识产权的双创企业，提供仅以知识产权质押为唯一担保的贷款支持；贷款额度≤1000 万元；1 年期为主，可滚动续贷；企业平均成本 4%—6%。

②绿色贷：为行业技术领先者、拥有专利金奖或科技进步奖、参与标准制定等优质高科技企业，提供 1 个月内快速知识产权质押贷款支持。

③中关村专利优势企业综合金融：为专利优势型高科技企业提供"债权融资 + 股权融资 + 管家式知识产权运营"全方位综合知识产权金融服务。

（2）典型案例。

①珅奥基专利质押项目。

北京珅奥基医药科技有限公司（以下简称珅奥基公司）系一类新药研发企业，由国内外新药研发生产领域的科学家和企业家共同创办，拥有多项肝癌、乳腺癌和白血病治疗药物的核心专利，相继获得国家"十一五、十二五新药创制"重大专项以及北京市财政资金支持，多项研发新药已完成 I 期临床试验，当时处于 II 期临床试验，但出现资金短缺。2015 年初，北京 IP 经专利评价分析，接受其 16 项专利权质押以自有资金委托银行发放贷款 900 万元。目前珅奥基公司已申报国家一类新药证书，获新一轮风险投资。北京 IP 实现成功退出。该案例获《人民日报》2016 年世界知识产权日专题连续两期报道。

②态金科技专利质押项目。

北京态金科技有限公司是从事液态金属的研发、生产和应用的初创企业，拥有液态金属领域专利近 200 项，液态金属散热领域布局专利数量全国第一，2017 年获得 A 轮投资估值 1.8 亿元，"五十五度杯"使用其一代技术。由于处于项目应用，公司急需资金支持。北京 IP 经知识产权评价分析，建设银行接受其专利质押，批准智融宝知识产权质押贷款 100 万元。北京 IP 还获得该公司优先认股权和专利独家委托运营权，致力于共同探索构建液态金属领域高质量和高（潜在）价值专利池。

## 22.3.3 专利大数据分析解决方案

### 1. 产品介绍

基于知识产权大数据（包括技术、法律、科技金融等）的精准挖掘，结合产业发展、市场竞争、政策环境等因素进行综合研究和研判，对经济科技活动的实施可行性、潜在风险、活动价值等进行一揽子评估、核查与论证，并提出合理化对策建议。

2. 典型案例

（1）服务于科技企业的《液态金属技术专利分析报告》。

该报告从专利技术角度分析中关村某液态金属公司的技术现状，为该公司确定研发方向、找准研发切入点提供专利情报。

（2）服务于政府部门的《基于专利大数据分析的石墨烯产业研究分析报告》。

该报告深入分析了石墨烯产业国内外专利分布情况、技术发展趋势、技术应用方向及优势研发机构等，为优化七台河市高新区新材料产业园园区规划提供了建设性意见。

（3）服务于产业投资的《康奈尔大学基因甲基化癌症检测项目的 IP 制度顶层设计》报告。

该报告通过系统设计知识产权所有权、使用权、处置权和收益分配权的权属方案，为投资方取得某引进技术已有知识产权在中国的独占许可权、技术秘密使用权及后续知识产权提供专业支持。

（4）服务于海外技术引进的《锂离子电池安全性技术专利分析报告》。

该报告通过专利大数据分析论证了某电池安全性技术的先进性，为技术投资方引进技术及落地产业化提供决策支撑。

# 第 *23* 章

# 北京中关村中技知识产权服务集团有限公司

## 23.1 单位基本情况

北京中关村中技知识产权服务集团有限公司（以下简称中技集团），是海淀区国有资产投资经营有限公司二级集团，主要承担其科技金融职能。为解决科技型企业融资难题，中技集团于 2014 年 12 月创新性地构建了国内首家"评—保—贷—投—易"五位一体的知识产权金融服务体系。

中技知识产权金融服务体系由核心层和联盟层构成：

核心层的实施主体包括：以"专利价值分析指标体系"为基础方法论的知识产权管理公司、注册资本二十亿元的融资担保公司、与国内专业的私募股权投资机构华软资本合作设立的中技华软知识产权基金管理公司、促进科技成果转化应用落地的科技服务公司、为企业提供短期融资服务的商业保理公司、中关村互联网金融服务中心、众信金融以及知识产权交易平台、股权交易平台。

联盟层是由众多银行、信托、小贷、保理、P2P 和投资机构组成紧密合作的战略联盟。

核心层价值在于帮助联盟层看懂知识产权价值、看清科技企业股权价值，建立风险分担机制。通过核心层和联盟层互动，将一系列专业公司和平台有效集合，构成可独立运营、可协同服务的创新知识产权运营模式，为科技企业提供更丰富的金融支持，盘活科技企业知识产权，快速提升企业价值。

截至 2017 年末，北京中关村知识产权服务集团有限公司注册资本 4000 万元，员工 160 人，收入总额达 40759 万元。旗下包括知识产权运营服务版块和知识产权金融服务版块。

知识产权运营服务版块，中技知识产权管理有限公司主要提供专利价值分析产品，包括：专利价值分析报告、企业对标可比公司分析报告、企业专利检索分析报告、针对行业特点定制的专利价值分析体系、企业内部专利分级分类管理等。同时，中技集团向中技知识产权管理公司和中技华软科技服务公司共投入 2000 余万元，自主研发"全球科技与专利大数据分析评价系统"。该系统依托自主研发的知识引擎，打通并翻译各类与科技成果密切相关的信息，运用人工智能的方法，可实现对全球科技进展实时监测；能够快速、智能化地构建特定产业的技术分布和创新链，创造性地建立了以"技术预见和社会网络"为核心理念的技术和专利评价模型，为前沿科技进展、引进和评价全球顶尖人才、重大科技产业投资项目等提供决策依据；精准链接实验室和相关产业，推动知识产权和成果交易、促进科技成果转化应用落地。

知识产权金融服务版块，主要包括融资担保公司、商业保理公司和基金管理公司。中技知识产权融资担保公司注册资本 20 亿元，在保金额约 33 亿元，在保项目 190 个，其中以知识产权质押融资担保 12 亿元，在保项目 94 个。据 2016 年统计，中技担保在海淀区知识产权质押融资担保规模中占 1/3，在新三板股权质押融资笔数排行前三。中技商业保理公司，注册资本 2 亿元，为科技企业提供近 8 亿元短期融资支持。中技知识产权基金首期规模 10 亿，2017 年分别与政府和银行设立子基金，截至目前，中技华软知识产权基金管理公司管理基金总规模达 20 亿。

## 23.2 知识产权运营情况

面对科技型企业普遍具有轻资产、高成长性的特点，以及在融资过程中经常面临的知识产权评估难、质押难问题，中技集团创新科技金融服务模式，重点打造"知识产权投融资 + 运营"的生态系统。

● 依托中技金融服务体系核心实施主体及独有的知识产权导航系统，中技基金获得了多渠道高标准的项目来源；

● 通过中技评估对知识产权的专业评估，为中技基金以知识产权质押的债权项目提供了业务依托和外部保障；

● 通过中技担保公司与银行体系现有的成熟业务模式和在银行的充足授信，中技基金拥有了帮助银行降低业务风险借贷给企业的业务机会；

● 通过为更多拥有知识产权的科技企业提供借贷服务，中技基金获得与科技企业的深度磨合和业务切入便利，从而拥有了对其中更优质企业的投资期权；

● 通过行业联盟和与其深度联系的多种产权交易组织和业务协助体系，为中技基金股权投资的多渠道退出提供了未来的各种可能。

在知识产权运营服务方面，公司的专利价值分析团队是目前业界最为专业的核心团队，其骨干人员均是"专利价值分析指标体系"的起草者与设计者，多次配合国家知识产权局开展体系试点、课题、培训、国家标准立项等工作。该体系依托各个领域的专家团队，通过创新性概念"专利价值度"来评判专利价值，对所关注专利技术的法律状态、技术水平、经济价值进行科学评估与分析。

目前公司团队已完成国家知识产权局与厦门市知识产权局委托的三项课题，并多次受邀参加国内外各类知识产权金融类论坛。推广服务体系运营模式，"五位一体"落地长沙，已获得湖南省知识产权局和长沙高新区领导支持，为当地科技企业提供服务。

以中技知识产权基金为驱动的知识产权金融服务，已帮助120余家企业实现知识产权融资业务等落地与转化，累计获得近20亿元银行授信，并通过股权投资方式支持17家科技企业持续发展，投资总额达9.3亿元。目前"成长债"业务在位于北京的新三板创新层企业和中关村TOP100企业的渗透率均达到40%以上。

## 23.3 主要经验或典型案例

中技集团"五位一体"的综合金融服务体系为拥有自主知识产权的科技企业提供综合金融服务，独创的"成长债"业务模式，借助"专利导航"分析，寻找自主创新型优秀科技企业；通过知识产权价值分析，研判企业技术先进性和成长潜力。围绕拥有自主核心知识产权的高科技企业，帮助其以"知识产权＋股权"质押获得银行大额债权资金支持。通过广泛的债权扶持，积累出大量的企业标的池，再从中挑选优质项目进行股权投资，以减少股权投资风险，实现投贷联动，提升投资安全性和成功率。

在提供金融服务的同时，依托于自身在知识产权领域的经验与资源，帮助被投企业加强研发投入，对形成的研发进行申请知识产权保护及技术产业化，通过直接或间接的方式获得关键知识产权，完善知识产权布局，提高知识产权集中度，提升和巩固企业的核心竞争力。

中技集团通过知识产权生态体系已打造出诸多经典投资案例，为不同发展阶段的科技型企业给予不同方式的金融支持，是国内债股结合、投贷联动的典范。例如，既有通过"知识产权＋股权"质押贷款取得"成长债"债权资金支持，又有通过"债权支持＋股权投资"方式提供投贷联动资金支持；不仅能为高校研究课题到知识产权产业化落地提供股权投资支持，也能够为促进产业协同提供股权投资支持。

（1）案例一："成长债"帮助轻资产型科技企业快速成为行业龙头——中普达。

北京中普达科技股份有限公司（NEEQ：837802）专注于移动医疗信息服务和移动物联终端产品及技术应用的研发、制造和服务，提供院内医嘱执行软硬件系统，掌握临床数据入口，同时向院外医疗服务延伸。企业利用最新 AI、区块链等先进技术，不断提升大数据基础研发，完善模式创新。2016 年 11 月，中技基金成长债提供 2000 万元支持，帮助企业快速模式复制，目前已服务全国 500 余家医院，成为国内医嘱执行系统龙头企业。

（2）案例二："成长债"支持有规模收入但持续亏损的在线签证龙头企业——百程旅游。

北京百程国际旅游股份有限公司（NEEQ：836925）是中国出境旅游产业互联网的领先企业，通过移动端互联网平台，以签证服务为切入口，整合出境游碎片商品资源，为客户提供一站式、场景化、智能化的出境自由行解决方案。企业不断研发迭代，拥有国内最大、全自动化程度最高的签证 SAAS 服务平台，打通行业信息链条。2017 年 8 月，企业面临关键链资源的整合时机，虽然企业有过亿元营业收入，但是净利润仍处于亏损状态，无法单独凭借自身情况取得银行资金支持，中技基金基于对行业和企业的研判下，为企业提供 2000 万元成长债支持，帮助企业顺利完成产业链整合，企业估值在近一年的时间内快速提升。

（3）案例三："成长债"助力"小规模大市场型"企业把握市场爆发机遇——泰斯福德。

泰斯福德（北京）科技发展有限公司是国内最大的爆胎应急安全装置研发生产企业，商用车细分行业占有率绝对龙头，市场占有率超过 70%，客户主要是国内大型客运车货运车的主机厂。企业重视知识产权保护工作，积极布局国内外专利，建立良好的知识产权管理体系，构筑了强有力的竞争壁垒。由于国家出台营运车辆爆胎应急安装相关要求，并强制标准落地，市场快速爆发。2018 年 1 月，中技基金成长债提供 1000 万元支持，帮助企业补充流动资金，迅速把握市场爆发机遇，企业规模快速扩大。

（4）案例四：投贷联动支持国内显示芯片行业独角兽——集创北方。

北京集创北方科技股份有限公司作为全球领先的显示控制芯片整体解决方案提供商，围绕移动显示、面板显示、LED 显示、绿色照明四大领域，形成了多元化的产品布局。2015 年 12 月，在企业营业收入仅有 23500 万元，净利润 –2500 万元的情况下，中技基金向其提供 2000 万元债权支持，帮助企业拓展市场，完善产品研发。2016 年 12 月，中技基金股权投资 2000 万元，投后估值 8.5 亿元。2017 年，集创北方获得国家级基金和北京市集成电路基金的投资，投后估值将近 30 亿元。

（5）案例五：投贷联动支持轨道交通旅客信息服务龙头企业——中广通业。

北京中广通业信息科技股份有限公司（NEEQ：839869）主要从事轨道交通行业旅客服务信息系统集成、人工智能视频分析及智能和安防产品的研发、生产及销售。2015年10月起，中技基金连续三年为其提供成长债支持；2017年11月，中技基金股权投资3000万元，伴随企业共同成长。企业近三年销售额平均年增长超过30%，2017年净利润同比增长231%。

（6）案例六：知识产权转移转化投资案例——思源智能。

北京南洋思源智能科技有限公司是一家以数据为核心，基于国际领先的故障诊断技术，为大型装备的智能化、数字化提供智能诊断和远程运维解决方案的高新技术企业。企业核心技术来源于西安交大国家973"航空发动机健康管理"首席科学家，创业团队均为从业多年的业内人士，深刻理解行业痛点，能够将学校的科研成果与产业诉求有机地结合，并快速落地应用。基于企业在领域领先的技术优势，2017年5月和2018年5月，中技基金及湖南重点产业知识产权运营基金先后投资1000万元，帮助项目从高校课题研究走向产业化。

经过三年多的摸索，中技集团"五位一体"的模式，得到各级政府关注和支持，国家发改委关于投贷联动的专项调研报告对此表示肯定。2017年，"中技模式"落地湖南，受托管理湖南省重点产业知识产权运营基金，迈出向全国复制的第一步。

未来，中技集团将持续深耕知识产权运营，不断探索适合科技型企业需求的运营模式，为我国自主创新科技型企业的发展提供有力的金融支持，为国家科技与金融的和谐发展贡献力量。

# 第24章

# 中知厚德知识产权投资管理（天津）有限公司

## 24.1 单位基本情况

中知厚德知识产权投资管理（天津）有限公司（以下简称中知厚德）是由国家知识产权局知识产权出版社、天津市知识产权局及天津市东丽区政府牵头指导并共同组织成立的一家以知识产权投资运营为核心业务的高端知识服务机构。公司创造性地提出了 i-SIPO 知识产权投资运营、TICA（泰客）模式知识产权示范园区建设等知识产权运营模式，首期总经费投入2000 万元。公司于 2016 年开始投入运营，截至 2017 年底，公司达成专利运营业务合同额 478 万元，实现营业收入 373 万元。

中知厚德的专利运营团队来自于知识产权出版社的精英人才，以知识产权出版社发展规划部主任吕荣波为首，组建了一支具备专利检索、分析、评估、经纪、策划、金融、财务、法律、风控等综合能力的 30 余人的专利运营团队。

团队带头人吕荣波，正高级研究员，全国知识产权领军人才，全国知识产权运营公共服务平台总规划鱼责人，知识产权出版社有限责任公司规划发展部主任，中知厚德知识产权投资管理（天津）有限公司执行董事兼总经理。从业十六年，规划并建设了我国第一个中外专利信息服务平台（CNIPR），曾为联想、方正、伊利集团等几十家大型企业规划设计专利信息应用解决方案。自 2010 年起致力于知识产权运营研究与实践，创造性提出了 i-SIPO 专利运营、TICA（泰客）园区运营新模式。曾受邀在 2014 亚洲知识产权营销论坛（中国香港）、2014—2017 年连续四届应邀"中国专利年会（北京）"做主旨演讲，并在北京、上海、广东等多个城市进行专利运营及创业创新培训辅导 150 余次、培训人员近 2 万人次，反响热烈。利用其丰富的知识产权运营理论及实践经验，先后投资运营多个项目并帮助其实现价值倍增，是知识产权运营界知名实战专家。

中知厚德联合多家银行、投资机构、评估机构、律师事务所共同成立了天津市首家知识产权运营联盟，联盟以高尖端的人才、专业的技术、庞大的资源、优质的服务、全方位的布局、卓越的运营模式，为全方位知识产权运营提供支撑。

## 24.2 知识产权运营情况

自 2015 年成立至今中知厚德的核心知识产权运营工作包括：i-SIPO 专利投资运营、TICA 模式知识产权示范园区建设、知识产权运营基金管理及一站式知识产权诊断管家服务等。

### 24.2.1 i-SIPO 运营模式

i-SIPO 专利投资运营的核心理念是为原创技术产业化提供全方位专业服务。运营模式的核心在于知识产权全链条服务，运营过程中突出原创性、实业性、专业性、持续性、全面性和公益性。优势在于对原创技术，除了资金支持，还从源头上组织专业团队，进行专利布局、评估分析等，同时进行产业化全程支持，包括市场宣传、品牌推广、知识产权战略、资本对接、上市辅导等，大大降低单一的专利运营高风险商业模式。

投资领域：节能环保、新能源、新材料、新一代信息技术、智能制造、生物技术、先进轨道交通装备、高新技术应用于传统产业改造升级的其他领域。

### 24.2.2 TICA 模式

TICA（泰客）是原创技术（Technology）、知识产权运营（Intellectual Property）、产业投资（Capital）、产业化应用（Application）的首字母组合，

核心理念是通过知识产权运营助力产业聚集升级，实现创新驱动发展。

运营的基本思路是"四个化"，即

技术权利化：通过专利检索、分析评估、规划布局等手段，为原创技术构建专利组合、软件著作权、商标等全面的知识产权保护体系。

权利资本化：将知识产权通过作价入股、转让许可、法律诉讼等实现产权的价值化、资本化。

资本实业化：基于知识产权及资本实现技术成果的转移转化，对接应用市场，实现技术的产品化、实业化、市场化运营。

实业全球化：通过知识产权的全球布局、提升企业在全球的核心竞争力，助推企业走向全球。

### 24.2.3　知识产权运营基金

中知厚德为更好地践行 i-SIPO 专利投资运营理念，为原创技术提供更多资金支持、促进企业加速成长，助力磁园建设，公司于 2017 年发起成立并参与运营三支知识产权运营基金，管理基金规模近 3 亿元。

（1）天津市首支知识产权运营基金。

2017 年初，中知厚德联合华北知识产权运营中心及其他社会机构，发起天津市首支知识产权运营基金—中知创富基金，于 2017 年 10 月 23 日获得天津市科委批准并得到天津市创业投资引导基金和东丽区配套资金的参股支持，形成一支政府资金引导、社会资本参与的知识产权运营基金能够进一步推动京津冀知识产权运营工作发展，具有重要意义；基金规模 1 亿元人民币，主要投资方向为高端智能制造、电子信息、节能环保、新材料新能源产业专利池的培育和运营、知识产权重大涉外纠纷应对和防御性收购、涉及专利的国际标准制定等。

（2）中知厚德参与管理基金。

中知厚德与基金管理公司上创普盛（天津）创业投资管理有限公司达成战略合作，通过参股上创普盛的方式获取基金管理资质，参与包括天使基金、创投基金和产业基金等多支基金的管理。

①中知厚德出资参股普银天使基金（天津普银天使创业投资有限公司），并参与基金管理工作，基金规模 4000 万元，目前首期资金募集工作已完成。

②中知厚德出资参股普银创投基金（天津普银创业投资合伙企业），并参与基金管理工作，基金规模 1.5 万元。

知识产权运营基金为 i-SIPO 运营服务提供资金支持，与此同时 i-SIPO 运营服务为知识产权运营基金培养优良标的。对基金已投或者重点筛选的项目，提前采用 i-SIPO 运营模式进行服务，进行高价值专利培育，孵化可投资的原创项目，在基金筛选项目时符合 i-SIPO 模式对项目的要求后，进行投资，目前基金已投资项目达 10 余项。

### 24.2.4 一站式知识产权诊断管家服务

中知厚德依托东丽区专利综合服务平台联合平台内优秀服务机构，针对每家企业在知识产权的个性化需求，通过"望""闻""问""切"为东丽区企业提供一站式知识产权诊断管家服务。

2017 年公司在东丽区筛选 5 家企业为其提供知识产权管理规范建设、专利战略规划布局、知识产权金融等服务。预计在 2018 年为 15 家东丽区企业提供服务。

## 24.3 主要经验或典型案例

公司自成立起践行 i-SIPO 投资运营和 TICA 知识产权示范园区建设等运营模式，成功运营了多个项目并产生了一定的社会和经济效益。下面分别就中科院计算所室内定位技术投资运营及磁敏产业知识产权示范园区建设做简要介绍。

### 24.3.1 i-SIPO 投资运营案例 IPO 投资运营案例

中科劲点（北京）科技有限公司是依托中科院计算所定位团队成立的初创互联网公司，团队核心成员均来自该所。从 2004 年开始，团队在国内率先开展了基于室内无线信号场精准定位的研究工作。先后申请并获得了三项国家自然科学基金，一项 863 高技术计划项目，从波传播理论、机器学习模型的角度研究了各种实际环境中的精确定位技术与系统。曾获得 2007 年国际 WiFi 定位竞赛第二名。

中知厚德团队经过初步评估，认为该项目具有较高的知识产权运营价值，进而与其主要团队成员接触洽谈，并对其技术进行了专利性、技术生命周期、行业可替代技术、市场前景等方面进行深入研究，同时结合其核心技术模块、整体系统产品平台，做了详尽的专利分析评估。经过详细评估及多次洽谈后，运营团队认为该项目具有知识产权运营潜力和价值，于 2015 年 10 月确认投资该项目，并采用 i-SIPO 模式运营该项目，为其专利产业化提供了基金支持，并协助其创立了中科劲点（北京）科技有限公司。

投资入股该公司后，运营团队为其启动知识产权挖掘布局、预警分析等全方位的知识产权服务。针对其核心技术进行知识产权布局，已申请专利 10 余项、软件著作权 10 余项、商标多项。同时，运营团队还为其提供金融投资的资源对接、融资规划等咨询服务，并成功引入四维图新战略投资该公司，为其在后期市场拓展、产业资源对接方面提供了强有力的支持。

经过 i-SIPO 的专利运营模式对其进行原创技术的全方位知识产权服务后，为其核心技术构建了较为完善的知识产权保护体系，快速提升了公司无形资产的价值，实现公司资产价值的倍增，助力其获得北京市科技型中小企业促进专项资助。同时，其定位技术获得 2016 年度卫星导航定位科学技术奖一等奖。

目前，中科劲点发展势头良好，市场份额快速增长，其产品已广泛应用在万达广场、居然之家、北京西站、金源新燕莎 Mall 等上百家商场、车站、超市、园区、社区等场所，并与高德、华为、万达、四维图新、中科院、长虹等多家企业展开业务合作。

### 24.3.2 TICA 运营案例

2016 年 9 月 29 日，在国家知识产权局、天津市政府及天津市知识产权局的大力支持下，由知识产权出版社有限责任公司及中知厚德知识产权投资管理（天津）有限公司采用 TICA 模式全程策划、深度参与的磁敏产业知识产权示范园（简称磁园）正式落户天津华明高新区。

北京科技大学材料科学与工程学院与华明高新区签署合作协议，共建北科大智能装备产业技术研究院。天津市副市长何树山、市政府副秘书长周键、市知识产权局局长齐成喜、市科委副主任戴永康会见了北京科技大学党委书记武贵龙、副校长吴爱祥一行。东丽区委书记尚斌义，区委副书记、区长杨茂荣，区委副书记白凤祥，知识产权出版社规划发展部处长、中知厚德知识产权投资管理（天津）有限公司总经理吕荣波出席了该项目签约仪式。

中知厚德历经一年多的时间，从发现磁敏团队的原创技术，逐步了解、深入调研及直至全程参与了该园区的筹划，为园区未来建设规划布局并创造性地提出园区的 TICA（泰客）发展模式，将原创技术、知识产权运营、产业投资和产业化应用有机结合，通过知识产权运营对磁园项目科学规划及积极推动，并结合天津东丽华明高新区的现有产业条件、政策保障和孵化环境，在国家知识产权局、天津市知识产权局和东丽区政府的多方指导下最终促成磁敏产业知识产权示范园正式落户天津市华明高新区这方沃土。

北京科技大学智能装备产业技术研究院建筑面积 1 万平方米，总投资 1 亿元，将重点围绕核心磁敏技术和智能装备技术形成核心竞争力，服务智能制造产业和国家安全。此外，北京科技大学国家大学科技园天津（磁敏）分园也同时落户华明高新区，将作为北京科技大学科技园有限公司主体业务的延伸，重点保障北京科技大学智能装备产业技术研究院的顺利运营，同时为其提供相关的管理咨询服务。

磁园依托北京科技大学智能装备产业技术研究院作为运营载体，借助知识产权出版社以及中知厚德的知识产权团队在运营方面的先进经验，采用 TICA 模式进行建设，构建系统、全面的磁敏技术及智能装备产业主权专利池，经过一年多的努力已经布局专利 124 项，并收储运营专利 200 余项，完成 4 个科技项目的落地孵化。

　　未来磁园预计与 50 家企业达成专利授权与合作，助力北科大智能装备产业技术研究院建成国家级工程技术中心，预计到 2020 年孵化企业 30 家，年产值达 10 亿元，年带动产业发展规模 100 亿，人员规模达到 300 人以上，IPO 或参股具有行业影响力的上市公司两家以上，未来知识产权出版社与中知厚德将齐心协力打造天津东丽"中国磁"知识产权示范园项目。

# 第 $25$ 章

# 四川省知识产权运营股权投资基金合伙企业

## 25.1 单位基本情况

四川省知识产权运营股权投资基金合伙企业（有限合伙）（以下简称基金）于 2015 年 12 月 29 日完成工商注册登记，是由四川众信资产管理有限公司作为基金管理人，联合旗下四川成渝发展股权投资基金中心（有限合伙）、社会资本等，依照《四川省省级产业发展投资引导基金管理办法》注册成立的四川省首支中央、省、市共建的区域性省级产业引导基金，也是全国首支注册成立的省级知识产权运营基金。

基金募集规模人民币 6.8 亿元，期限 8 年，主要以股权投资方式推动知识产权资产的流通和利用，以市场化方式促进知识产权运营服务试点工作，实现知识产权价值，加速省内知识产权相关产业成果转化，提升自主创新的效能与水平，推动省内经济结构调整和企业走向产业高端，突显四川省对中西部乃至全国的辐射、引领和示范作用。

基金重点投资具备核心知识产权的优势企业，支持四川省优势产业的知识产权价值实现，完善以知识产权为核心和纽带的创新成果转化运用机制。基金坚持聚焦产业、着眼产品、落脚企业、突出重点，依托产业园区、产业知识产权联盟和龙头企业等，围绕高端产业的重点企业、重大产品、核心技术，重点支持四川省高端产业领域知识产权产业运营，重点投向高价值专利池（专利组合）的培育和运营、知识产权重大涉外纠纷应对和防御性收购、涉及专利的国际标准制定、产业专利导航、产业知识产权联盟建设、产业核心技术专利实施转化和产业化等。

在四川省知识产权局的领导下，各合伙人的支持下，基金及其管理人围绕知识产权优势产业及地区，积极主动推进基金市场化募资、风控体系建设、资源整合以及项目投资等全方面工作，实现了较好的投资成绩和产业支持。

## 25.2 典型案例

### 25.2.1 成都市优艾维智能科技有限公司

成都优艾维智能科技有限公司成立于 2014 年，是以工业无人机、智能机器人的自主研发、销售及提供应用解决方案为核心业务的国家高新技术企业。

公司核心团队入选省"千人计划"团队，创始人张洪斌同时也是"千人计划"无人机和超算领域高端引进人才和博士生导师。

公司专注于工业无人机、智能机器人的控制、导航、通信、图像处理等技术，产品应用于电力、石油、安全、消防和农业等多个领域。与消费级市场一片火热不同，目前国内工业级无人机市场尚未出现爆发性的指数型增长，但工业级无人机在电力、安防、农业、森林防火、警用等不同细分领域的应用稳步增长，整体处在爆发前的积累阶段。根据前瞻研究院提供的《2016—2021 年中国无人机行业市场需求预测及投资战略规划分析报告》数据，当前我国无人机产值在 36 亿—40 亿元人民币之间，预计到 2025 年，我国民用无人机市场可增长至 750 亿元人民币，由于行业应用广泛，工业级无人机下游需求将更加明显，国内工业级无人机市场规模将超过 400 亿元。其中，在电力巡检行业，将重点构建"信息多元化、诊断智能化、运维高效化"的输电线路通道，实现输电线路通道状态监测、安全评估、灾害预警和信息管理的智能化目标。根据《国家电网运检专业"十三五"发展规划编制大纲（输电专业）》相关要求，到 2015 年，输电线路人机协同巡检模式应 100% 覆盖特高压、跨区电网等重要线路，750 千伏、500（330）千伏线路覆盖率达到 50%；到 2018 年，500（330）千伏及以上输电线路协同巡检模式覆盖率达到 100%，220 千伏线路覆盖率达到 50%；到 2020 年，协同巡检模式覆盖公司所有输电线路。

截至 2016 年末，公司申报各项知识产权共计 25 项，至今授权 16 项。

2017 年 3 月，基金完成对成都市优艾维智能科技有限公司投资。2017年，公司新增申报各项知识产权总计 15 项，新签合同金额达到 2016 年的 25 倍，确认销售收入 2850 万元，同比增长约 19 倍。

## 25.2.2 四川华控图形科技有限公司

四川华控图形科技有限公司成立于 2001 年，为四川川大智胜软件股份有限公司旗下控股公司，公司是一家从事虚拟仿真行业的高新技术企业，围绕可视化仿真、显示系统、科技展示等三大业务，重点为军事、科研、娱乐、工程等领域提供先进的可视化产品。公司在多项自主知识产权的基础上成功地开发出了多项核心产品，其中 SimVIZ 可视化仿真软件平台、全景虚拟互动球幕系统和合视图像校正融合处理器等产品获得国家科技部 863、省科技厅、成都市科技局的多项重大计划项目专项基金支持，并广泛应用于"枭龙"战机、"歼 10"战机等多个重点武器以及北京奥运会安全保卫信息系统等重大工程和突发事件应急预案处理。

国防军工板块：自成立以来，公司打造了一支专业化团队，积累了丰富的行业经验，凭借突出的技术能力和自主研发的可视化仿真平台，逐步建立了国防军工领域的客户资源。经过数十年的耕耘，公司团队能够准确把握国防军工客户的差异化需求，短时间内完成项目开发，并为客户提供完善的后续维护服务。过去三年，公司国防军工收入稳定增长。目前，公司长期客户包括中国航空系统工程研究所（620 所），中国航空工业集团公司成都飞机设计研究所、中国核动力研究设计院信息中心、中国电子科技集团公司第十研究所、中国船舶重工集团公司第七零一研究所、中国电子科技集团公司第二十九研究所等。

文化科技类板块：基于自主研发平台和可视化仿真技术，以及多年的行业经验积累，公司正迅速拓展业务板块，做大做强国防军工业务的同时积极布局文化科技市场，为公司培育新的利润增长点。通过融合客户的共性，公司已形成了未来教室、单人全向运动平台、数字化天象厅等多款面向文化科技市场的标准化产品，业务模式也逐步由"项目定制开发"转变为"大项目+产品化"。过去三年，公司在文化科技领域取得了重大突破，参与了内蒙古、陕西等多个科技场馆的建设。

2016年底，公司共申报28项知识产权，其中26项已授权，2项发明专利在实审阶段。

2017年8月，基金完成四川华控图形科技有限公司的投资工作。2017年，公司新申报知识产权11项，其中发明专利1项。全年实现销售收入3922万元，净利润710万，同比增长35.95%。

## 25.2.3　成都宜泊信息科技有限公司

成都宜泊信息科技有限公司成立于2015年6月，公司是一家专注于智慧停车系统研发和解决方案的高科技企业，致力于成为城市级云平台和无人值守智慧型停车场领域的国内一流企业，先后自主研发了纯车牌识别停车、智慧云服务、车位引导反寻和占道停车等多款管理系统。

公司以陈诚为核心的创业团队具备多年的停车场行业的从业经验，行业理解透彻。核心研发团队曾于联想、腾讯和华为等国内顶尖科技公司担任重要岗位，其中，实际控制人陈诚为清华大学计算机科学工程硕士，曾任联想国际软件和外设项目经理，获得联想全球TOP50员工，拥有多项发明专利。

2017年底，全国机动车保有量3.1亿辆，汽车保有量2.17亿辆，占比达到70.17%。6个城市超过3百万辆，18个城市汽车保有量超过两百万辆，49个城市过1百万辆。2017年，汽车保有量净增2304万辆。根据国际惯例，汽车保有量与停车位的比例应在1:1.2—1.4。2015年底，国内主要城市该比例约为1:0.5—0.8。2015年底，我国停车位缺口为5000万个，到

2020 年，我国车位缺口约在 17900 万个，缺口比例约为 57%，供需矛盾尖锐。北京、上海、广州、深圳 4 个城市，平均停车泊位缺口率 76.3%。同时，车位使用率低，全国有超过 90% 的城市车位使用率在 50% 以下，商业综合体类停车场日均使用率仅为 37%。北上广等主要城市的车位使用率都在 40%—50%。总体来讲，车位使用率仍然有较大的提升空间。公司所涉及的智慧停车业务不仅拥有巨大的市场容量和其他业务嫁接，更能快速有效地缓解停车难、空置率高等行业痛点。

目前，公司车牌识别管理系统已经在全国超过 1000 个项目使用，为西南地区最大的停车场运营平台，成功案例包括成都环球中心、东客站、王府井和世豪广场等。2017 年公司营业收入大幅增长，全年实现的注册用户数和月活跃用户数在区域内处于领先地位。

公司已申请 11 项发明专利（其中 5 项已授权）、3 项实用新型专利、8 项软件著作权。

2017 年 12 月，基金联合多家投资方通过设立契约型基金方式完成对该项目投资。

# 参考文献

1. 习近平在博鳌亚洲论坛 2018 年年会开幕式上的主旨演讲（全文）［EB/OL］. (2018 - 04 - 10)［2018 - 07 - 09］. http：//www. gov. cn/xinwen/2018 - 04/10/content_ 5281303. htm.

2. 毛金生. 专利运营实务［M］. 知识产权出版社，2013.

3. 陆介平，林蓉，王宇航. 专利运营：知识产权价值实现的商业形态［J］. 工业技术创新，2015（2）：248 - 254.

4. 魏永莲，傅正华. 从技术市场视角看高校与技术转移——以北京市为例［J］. 科学管理研究，2011，29（2）：43 - 46.

5. 凤凰财经宏观. 国务院出台五大政策支持科技成果转移转化［EB/OL］. (2016 - 02 - 17).［2018 - 07 - 05］. http：//finance. ifeng. com/a/20160217/14221143_ 0. shtml.

6. 中华人民共和国中央人民政府信息公开. 国务院办公厅关于印发促进科技成果转移转化行动方案的通知［EB/OL］. (2016 - 05 - 09).［2018 - 07 - 05］. http：//www. gov. cn/zhengce/content/2016 - 05/09/content_ 5071536. htm.

7. 新华网科技. 科技部解读《促进科技成果转移转化行动方案》［EB/OL］. (2016 - 05 - 19).［2018 - 07 - 05］. http：//www. xinhuanet. com/tech/2016 - 05/19/c_ 128996635. htm.

8. 张娇，汪雪锋，刘玉琴，等. 京津冀地区中国专利技术转移特征［J］. 科技管理研究，2017，37（22）：79 - 85.

9. 科技部创新发展司. 2017 全国技术市场统计年度报告［M］. 兵器工业出版社，2017：4.

10. 中华人民共和国中央人民政府信息公开. 国务院关于印发国家技术

转移体系建设方案的通知 ［EB/OL］. （2016 – 05 – 09）. ［2018 – 07 – 05］. http：//www. gov. cn/zhengce/content/2016 – 05/09/content_ 5071536. htm.

11. 国家知识产权局知识产权工作. 申长雨在第八届中国专利年会上的致辞 ［EB/OL］. （2016 – 09 – 06）. ［2018 – 07 – 06］. http：//www. sipo. gov. cn/zscqgz/1101132. htm.

12. 傅绍明. 专利权转让探讨 ［J］. 中国发明与专利，2008（9）：51 – 53.

13. 发明专利的创新型越高、技术越先进，其专利的效力越稳定。朱雪忠. 辩证看待中国专利的数量与质量 ［J］. 中国科学院院刊，2013（4）：435 – 441.

14. 中华人民共和国中央人民政府法律法规. 中华人民共和国专利法 ［EB/OL］. （2008 – 12 – 27）. ［2018 – 07 – 09］. http：//www. gov. cn/flfg/2008 – 12/28/content_ 1189755. htm.

15. 高航网. 公司简介 ［EB/OL］. ［2018 – 07 – 16］. http：//www. gaohangip. com/companyinfo. html.

16. 中国知识产权资讯网. 高航网：发展新特色. ［EB/OL］. （2018 – 04 – 25）. ［2018 – 07 – 16］. http：//www. iprchn. com/cipnews/news_ content. aspx？newsId = 107791.

17. 凤凰资讯. 高航网与北京 IP 达成知识产权运营战略合作. ［EB/OL］. （2017 – 05 – 167724）. ［2018 – 07 – 16］. http：//news. ifeng. com/a/20170524/51155406_ 0. shtml.

18. 七弦琴国家知识产权运营平台. 七弦琴×高航网×尚标网×麦知网，四方强强联手. ［EB/OL］. （2018 – 03 – 16）. ［2018 – 07 – 16］. https：//corp. 7ipr. com/qxqdt/285. htm.

19. 国家税务总局. 科技部　财政部　国家税务总局关于修订印发《高新技术企业认定管理工作指引》的通知. ［EB/OL］. （2016 – 06 – 22）. ［2018 – 06 – 24］. http：//www. chinatax. gov. cn/n810341/n810755/c2200380/content. html.

20. 裴志红，武树辰. 完善我国专利许可备案程序的法律思考 ［J］. 中国发明与专利，2012（5）：75 – 80.

21. 华律网. 专利实施许可合同备案的意义. ［EB/OL］. （2018 – 01 – 05）. ［2018 – 06 – 24］. http：//www. 66law. cn/laws/66532. aspx.

22. 任剑新，张凯. 空间框架下的专利许可：创新激励与福利分析 ［J］. 中南财经政法大学学报，2016，No. 217（4）：21 – 30.

23. 西电捷通. 公司概述. ［EB/OL］. ［2018 – 04 – 24］. http：//www. iwncomm. com/cn/ShowArticle. asp？ArticleID = 1.

24. 西电捷通. 西电捷通物联网安全关键技术 TRAIS-X 被采纳并发布为国际标准. ［EB/OL］. （2017 – 10 – 24）. ［2018 – 04 – 24］. http：//www. iwncomm. com/cn/ShowArticle. asp？ArticleID = 728.

25. 企查查浙江省企业查. 温州联科知识产权服务有限公司. ［EB/OL］. ［2018 – 04 – 24］. https：//www. qichacha. com/firm_ 84922c9a9786e491cb6b0f0bc5ef3d4e. html.

26. 中国知识产权网. 2017 年，全国实现专利质押融资总额 720 亿元，同比增长 65%. ［EB/OL］. （2018 – 02 – 05）. ［2018 – 04 – 24］. http：//www. cnipr. com/sj/zx/201802/t20180205_ 224653. html.

27. 万小丽，朱雪忠. 专利价值的评估指标体系及模糊综合评价 ［J］. 科研管理，2008，2：185 – 191.

28. 陈海声，周栀，李振中. 基于 AHP 和 FUZZY 的专利运营绩效综合评价研究 ［J］. 科技管理研究，2011，4：149 – 152.

29. 国家知识产权局知识产权发展研究中心. 2016 年中国知识产权发展状况评价报告 ［R/OL］. http：//www. sipo – ipdrc. org. cn/article. aspx？id = 427.